미생물과 미래융합기술

고려대학교핵심교양 **3**

미생물과 미래융합기술

박우준

KOREA
UNIVERSITY
PRESS
고려대학교
출판문화원

Microbes and Future Convergence Technologies

Woojun Park

들어가며

이 책은 2016년 2월 교보문고 퍼플[Pubple]에 On-line 출간한 책의 내용을 일부 수정하여 다시 정리한 교양서이다. 특히, 영어로 된 과학용어의 원어를 집중적으로 추가하였다. 한국미생물학회와 미생물 생명공학회, 세계 미생물생태학회 등 수년간 국내외 학회활동과 연구을 해 오고 있는 저자는 환경미생물학과 미생물생태학을 대학생들에게 가르치고 학회와 학교로 들어오는 다양한 문의사항에 답변하면서, 의학과 농업, 식품 등 쉽게 떠올릴 수 있는 전통적인 미생물학 관련 분야뿐만 아니라 자동차, 건설, 물리, 전자 등 미처 생각하지 못했지만 일반인과 대학생들이 관심 있어 하는 다른 다양한 학문 분야와의 접목에 관해 소개하는 책의 필요성을 절실히 느끼게 되었다. 이러한 다학제 간 융합 학문적인 미생물학에 대한 내용은 기존 미생물학 교과서에 일부 소개되어 있을 뿐이어서, 더 구체적이고 다양한 사례들을 모아서 소개하고자 이 책을 집필

하게 되었다. 많은 융합학문에 대한 최신 정보에도 불구하고, 현재의 대부분의 미생물학 교과서와 교양서의 내용이 일반적인 미생물이란 무엇인가, 미생물과 건강 등 과거의 지식에 머무르고 있어 미생물학에 대한 흥미가 점점 더 줄어들고 있는 현시점에서, 최신 외국 대학 교과서에서 소개하고 있는 최신 미생물학에 관한 내용, 또한 저자가 흥미롭게 읽은《사이언스Science》,《네이처Nature》등을 통해 발표된 전문자료의 내용을 보다 쉽게 설명하여 미생물학 전공자가 아닌 타 분야 전공자와 일반인도 최근 밝혀진 놀라운 미생물의 융합학문적인 세계를 접할 수 있도록 하고 그에 대한 흥미를 촉발시키는 데 이 책의 일차적인 의의가 있다. 또한 이 책을 통해 미생물 전공자인 저자가 지난 10년간 세계적으로 유명한 학술대회인 미국미생물학회, 유럽미생물학회, 세계 미생물생태학회, 세계 산업미생물학회 등에 참가하여 얻은, 매우 즐겁게 얻은 유익한 지식을 대학생과 일반인과도 공유할 수 있기를 기대한다.

지구의 역사와 함께한 미생물의 역사는 아주 놀라우며, 현재 존재하고 있는 미생물의 종류와 이들의 역할, 우리가 산업적으로 이용하는 미생물 분야 등 미생물의 세계는 너무나 넓다. 이러한 미생물의 세계와 더불어, 이 책은 최근 지구온난화와 관련된 기후변화 가스발생과 저감, 메탄과 수소가스 등의 바이오에너지 생산, 폐자원을 이용한 미생물전기 생산, 탄산칼슘Calcium carbonate석출 미생물을 이용한 콘크리트 개발, 지금까지 지구상에 존재하지 않았던 새로운 합성미생물의 탄생 등 아주 새로운 미생물학과 이러한 분야의 연구를 위한 미래융합과학으로서의 미생물학의 더욱 흥미진진한 세계에 관해 이야기 하려고 한다. 이 책이 미생물학 연구에 대한 일반 독자들과 고등학생, 대학생들의 관심을 불러일으키고, 나아가 한국의 미생물학이 더욱 발전하는 데 작은 밑거름이 될 수 있기를 희망한다.

2017년 8월
박우준

차례

1장 융합과학으로서의 미생물학

미생물은 지구의 역사 45억 년 중에서 36억 년 전쯤에 처음 생겨나서 지구와 현재까지 함께한 제일 오래된 생물이다.[1] 화석 자료를 근거로 보면, 45억 년의 지구 역사의 절반이 넘는 동안, 우리가 현재 살고 있는 지구는 미생물과 함께 공존해 오고 있는 것이다. 지구 역사와 오랜 동반자인 미생물은 현재의 지구 환경과 생태에 가장 기여한 생명체로서, 혹자는 지구의 주인은 인간이 아니라 미생물이라고 우스갯소리로 말하기도 한다. 실제로 지구에서 가장 많은 수의 생물이 미생물이다.[2] 얼마나 많은 미생물이 존재하는지 한번 살펴보자. 10^{31} 수만큼 존재하는 바이러스가 일렬로 줄을 서면, 빛이 1억 광년 날아간 거리와 같고, 해양에 존재하는 13×10^{28} 수의 세균은 우주에 존재하는 알려진 별의 수보다 100만 배 이상 더 많다. 1초에 해양에서 10^{23}번의 바이러스 감염이 일어나며, 이러한 감염으로 죽어 나가는 세균은 하루에 전체 세균의 20-40%나 된다고 한다. 육상 환경의 토양에서, 티스푼 위에 올려진 1그램gram 정도 되는 양의 토양에 존재하는 세균 수는 10^9 정도로, 이는 현재 아프리카에 살고 있는 전체 인구의 수와 비슷하다. 더 놀라운 것은 1그램의 치태dental plaque에는 10^{11} 수의 세균이 존재하는데, 이는 현재 지구에 살고 있는 인간의 수와 비슷하다. 다행인 것은 이들 많은 수의 미생물들이 인간의 병원균이 아니라는 사실이다. 현재까지 1,400종이 넘는 인간 병원 미생물(세균, 바이러스, 곰팡이 등 모두 포함)이 알려져 있지만, 이 숫자는 지구의 전체 미생물 종류에서 1%도 안 되는 아주 적은 수이다.[2] 현재 미생물 중 세균은 1만 종 이상 보고되었고, 이들을 다 모아 보면 지구의 육상식물의 생체량biomass과 비슷한 정도이다. 이렇게 눈에 보이지는 않지만 실로 엄청난 수의 미생물이 존재한다. 지구의 첫 번째 생물인 미생물은 수많은 시간 동안 다양한 진화과정을 거쳐 유전적, 기능적, 생태적으로 다양한 미생물로 현존하고 있다. 현재 이 시간에도 미생물은 계속해서 진화하고 있는데 세대 수가 짧기 때문에 다른 생물의 진화보다 더 빨리 진화할 수 있으며 다양한 환경에 적응할 수 있다.

미생물에 의한 대사과정은 지구가 생겨나서 현재까지 일어나는 거의 모든 생지화학적biogeochemical 과정에 기여하고 있다. 따라서 현재의 지구는 미생물이 만들어 놓은 위대한 걸작품인 것이다. 지구 역사에서 미생물은 식물보다도 먼저, 인간이 현재 호흡을 하는 데 의존하고 있는 산소oxygen를 제일 처음 만들어 내기 시작했고, 현재에도 미생물은 식물과 함께 지구 산소 생산량의 절반 이상을 만들어 내고 있다. 특히 수중환경에 살고 있는 시안세균cyanobacteria과 조류algae는 산소생산의 주된 미생물이며, 특히 시안세균은 질소고정nitrogen fixation을 통한 지구의 질소순환에도 상당히 기여하고 있다. 무엇보다도 질소의 생지화학적 순환은 다른 생물보다 미생물에 의한 산화-환원반응에 거의 대부분 의존한다.[3] 지구의 어떤 생물도 현재 대기 중에 80%나 차지하고 있는 질소가스를 직접적으로 이용할 수 없다. 오직 질소고정세균만이 질소를 암모니아ammonia로 변경하는 질소고정이라는 과정으로, 대기 중의 질소를 다른 생명체가 이용할 수 있는 암모니아(NH_3)로 바꾸어 주기 때문에, 실제로 질소고정세균은 지구의 질소순환에 가장 중요한 생명체라고 할 수 있다. 많은 미생물들이 질소고정을 할 수 있다고 알려져 있지만, 질소고정을 하지 않는 대부분의 다른 생물들은 생장을 위해, 필요한 질소를 환경으로부터 암모니아 또는 유기질소organic nitrogen의 형태로 얻는다. 또한 물에 녹아 있는 질산염(NO_3^-)을 암모니아로 환원하여 사용하기도 한다. 질소고정은 생태계 유지에 절대적으로 필요한 과정이며, 인간의 입장에서 보면 농업환경에 매우 유용하고 중요한 과정이다. 척박한 토양에서 가장 필요로 하는 대표적인 비료가 질소와 인산비료phosphate fertilizer인데, 질소비료를 주지 않아도 일부 환경에서는 질소고정 미생물에 의해 작물이 잘 생장하기 때문이다. 우리가 처음 미생물을 생각할 때 단순히 “눈에 보이지 않는 작은 생물” “분해자로서의 생명체” 등으로만 생각할 수 있으나 미생물은 지구의 역사와 함께하면서 지구의 모든 물질순환element cycling의 역할을 하는 지구에서 없어서는 안 되는 가장 중요한 생명체이다.

미생물은 여러 가지 다양한 생명체를 포함한다. 주로 습기가 찬 곳, 오래된 썩은 빵 등에서 볼 수 있는 곰팡이fungi와 흔히 박테리아bacteria라고 불리는 세균, 이 두 가지가 대표적이지만, 때로는 최근 유행한 신종플루, 조류독감과 같은 바이러스virus들과 물 환경에 주로 존재하는 거대한 클로렐라chlorella와 유글레나euglena 등의 원생생물protist 등이 포함된다. 우리가 음식으로 섭취하는 버섯과, 빵과 맥주를 만들 때 사용하는 효모yeast도 곰팡이의 일종이다. 일반 사람들은 세균과 곰팡이를 잘 구별하지 못한다. 때로는 이들이 같은 생물로 오인되기도 하지만 곰팡이는 인간의 세포와 비슷한 엄청나게 진화한 세포 내 구조를 가지고 있다. 곰팡이를 때로는 학문적으로 진균fungus이라고 부르며 세균인 박테리아와 구별하기도 한다. 이들 둘의 가장 크게 다른 점은 진균은 DNA라고 불리는 유전정보가 인간의 세포와 동일하게, 핵nucleus 안에 들어 있기 때문에 진핵생물eukaryotes로 분류된다는 것인데, 인간도 생물분류상으로는 진핵생물인 것이다. 진화적으로 진균은 식물보다 인간세포에 더 가깝다. 세균은 유전정보가 핵 안에 들어 있지 않은 원핵생물prokaryotes이다. 하지만 최근 원핵생물인 세균의 일부 종에서, 진핵생물의 핵막과 비슷한 구조가 관찰된다고 학계에 보고되고 있어 매우 흥미롭다.[4] 이들 미생물들을 연구하면 진핵생물의 DNA를 포함하고 있는 핵이 어디에서 유래되었는지를 알려 줄 수 있는 실마리를 찾을 수 있을 것이다. 바이러스의 경우 실제 혼자서는 살 수 없기 때문에 분류학적 생물의 범주에 들어가지는 않지만 미생물의 범주에서 다양하게 연구되고 있다.

현재 지구의 생물은 세균, 진핵생물 그리고 이들 둘 사이의 특징을 지닌 고균archaea이라고 불리는 생명체, 세가지로 나눌 수 있다.[5] 인간을 포함하여 우리가 알고 있는 많은 식물, 동물, 곰팡이 등이 진핵생물에 속하게 된다. 최근 초등학교 교과서와 교양서들을 보아도 아직도 미생물을 곰팡이, 세균, 바이러스로 분류하고 고균(또는 고세균)에 대하여 자세히 설명한 책은 그리 많지 않다. 1977년에 미국 콜로라도 주립대에 재직하고 있던 칼 우스Carl Woese 교수(최근 미국 일리노이 주립대학-어바나, UIUC에서 2012년 작고하였다)에 의해 세균과는 외형적으로 비슷하게 생겼지만 진화적으로 뚜렷이 구분되는 고균이 새로운 계통학적 뿌리를 갖기 때문에 세균에서 분리되어야 한다는 결과를 제시하여, 이후로 지금까지 수십 년간 생물은 고균, 세균, 진핵생물의 세 가지로 분류되고 있다.[5] 고균은 세균의 형태와 비슷한 모습을 가지지만, 세포 안의 여러 기구들은 진핵생물인 인간의 것과 비슷하다. 칼 우스 교수의 연구는 생물학의 엄청난 대발견이지만, 의학적 또는 생리학적인 발견이 아니기 때문에 노벨상 수상은 하지 못하였다. 하지만 고균의 발견 공로를 인정받아 2003년 기초과학의 노벨상으로 불리는 크라포르드 상Crafoord Prize를 수상하였다. 이와 같은 칼 우스 교수의 획기적인 발견은 모든 생물이 가지고 있는 리보좀ribosome의 구성성분인 rRNA 염기서열이 생물의 분류에 중요하다는 점을 이용하였기 때문에 가능하였다. 현재 과학계에서는, 동물과 식물 등 외형적으로 뚜렷한 경우 생물의 분류가 큰 문제 없이 가능하지만, 외형적으로 구분이 어려운, 미생물을 포함한 모든 생물의 분류에는 유전자의 염기서열 분석이 이용되고 있다. 토양, 물, 음식 등의 환경이나 질병에 걸린 환자와 동물 등에서 얻은 미생물이 어떤 것이지 알아내기 위하여, 현재에는 이와 같이 미생물의 DNA정보가 이용되고 있다. 미생물의 DNA를 얻어 rRNA를 만드는 염기서열을 읽으면 미생물의 이름을 정확하게 명명할 수 있는 것이다.

고균은 초기 연구에서는 주로 다양한 극한환경extreme environment(온천 지역, 심해 등)에만 많이 존재한다고 알려졌지만, 최근의 연구에서 토양 환경을 비롯하여, 심지어 인간의 장내, 우리가 섭취하는 김치 등의 음식 등에도 상당히 많이 존재하는 것으로 알려졌다.[6] 고균의 생태적 서식지는 제한이 없는 것 같다. 하지만 이러한 인간과 동물의 장내, 음식 등의 환경에서 고균이 무엇을 하고 있는지에 대한 과학적 대답은 아직 잘 알려져 있지 않다. 하지만 그동안의 연구를 통하여, 고균은 우리 주변 환경에 많이 존재하며, 지구 환경 변화에 크게 기여하고 있다는 것은 일부 잘 알려져 있다. 실례로 현재 지구에서 생산되는 많은 메탄가스methane gas는 고균들의 작품이다. 지구온난화 가스의 한 종류인 메탄가스는, 흥미롭게도 우리 몸에서도 고균에 의해 생산되며, 바다 밑 해저퇴적층, 물에 잠긴 논밭(그림 1), 초식동물, 곤충의 장내에 분포하고 있는 서로 다른 고균에 의해 생산되고 있다.

지구온난화에 대한 일반인들과 과학자들의 관심으로 인하여, 이러한 고균에 의한 메탄가스 형성 연구가 전 세계적으로 활발히 진행되고 있다.[7] 특히 목재를 갉아 먹는 흰개미termite와 되새김을 하는 소 등의 장내에 많이 분포하는 것으로 알려져 있다. 이러한 환경에서 고균을 얻어 내고, 어떤 종인지 알아낸

그림 1 질소비료가 살포된 밭 토양에는 질산화에 중요한 고균들이 많다. 사진은 미국 캘리포니아 데이비스 근처의 토마토 밭(저자 촬영).

후, 그들이 어떤 유전자들을 지니고 있는지에 대하여 유전체 genome를 연구하게 된다. 유전자지도를 알게 되면, 이들이 할 수 있는 일을 짐작할 수 있기 때문이다. 이를 바탕으로 한 메탄가스 발생의 제어에 대한 실용적인 연구가 활발히 진행되고 있다. 이러한 연구가 각광을 받고 있는 것은, 메탄가스가 지구온난화 가스일 뿐만 아니라 에너지를 생산할 수 있는 가스이기 때문이다. 현재 농촌에서 퇴비를 썩히는 과정에서 공기를 차단한 채 가스를 생산하여 자가 발전 등에 이용하고 있는데, 이러한 환경에서 나오는 것이 메탄가스이며 이러한 작용이 메탄 형성 고균에 의하여 일어난다. 최근에 고균 연구를 통하여, 질산화 nitrification 과정에 세균만이 역할을 한다는 100년 동안의 과학적 사실이 뒤집히게 되었다.[8] 많은 수의 고균이 질산화 과정에 매우 중요하다는 것을 새롭게 알게 된 것이다. 하지만 고균은 연구실에서 배양이 어렵기 때문에 이들이 환경 내에서 어떠한 역할을 하고 있는지는 아직까지 잘 알려져 있지 않다. 앞으로 고균의 배양방법이 더 잘 알려지고, 고균의 유전체 연구와 생리적 연구가 더 진행되면, 이들이 어떻게 지구환경과 인간생활에 영향을 주는지에 대한 흥미로운 연구결과들이 계속 나올 것으로 기대된다.

아마 미생물만큼 지구와 인간의 다양한 활동에 관여하는 생물은 없을 것이다. 많은 미생물 전문 과학서적들이 환경과 생태, 질병 등의 분야에서 미생물의 중요성에 대하여 다루고 있지만, 최신 융복합학문의 측면에서의 미생물의 역할과 중요성에 대하여 아직 미흡하게 다루어지고 있다. 미생물학은 최근 다른 학문과의 융합을 통하여 확실히 발전하고 있다. 융합convergence과학은 세분화된 서로 다른 학문들이 경계를 허물고 결합하여, 새로운 주제에 도전하여 새로운 가치를 만들어 가는 응용과학 분야이다. 최근 IT기술과 문화예술의 영역과의 융합 등이 융합학문의 좋은 예이다. IT기술과 다른 산업이 연계된 융합분야가 무궁무진한 것처럼, 미생물과 다른 산업, 다른 학문과의 연계도 아마 엄청날 것으로 보인다. 인간의 질병과 관련된 의학, 전통적인 농업과학과 식품공학은 물론 건축공학, 전자공학, 물리학, 기계공학 등의 공학 분야, 전혀 관련이 없을 것 같은 수학, 심지어 경제학적인 이슈도 최신 융합미생물학 분야에서 다루어지고 있는 것이다. 생물도 경제적인 관념이 있을까? 먹이가 생장을 위한 양보다 풍족하면 몸 안에 저장하고, 서로 다른 음식이 있을 때 에너지 효율이 더 좋은 음식을 먼저 섭취하는 등의 측면에서 경제적인 개념이 도입된다. 이 책에서는 최근 이슈가 되고 있는 학제 간 과학, 통섭을 통한 융합과학으로서의 미생물학 분야와 이를 이용한 첨단 미래융합기술에 대하여 소개하고자 한다.

물리학, 기계공학, 전자공학, 환경공학, 지구과학, 화학공학 등 다른 자연과학대학과 공과대학의 학문적인 영역과 미생물학과의 접목은 최근의 일이다. 이들 다른 분야에서 다루는 미생물학과 관련된 내용을 잠깐 살펴보면, 미생물이 가지고 있는, 그리고 세포를 구성하는 요소들에 대한 세포생물학적인 융합연구와 미생물자체를 이용하는 응용연구 크게 두 가지 분야로 나뉜다. 첫 번째 분야는 지질막, 단백질, DNA, 세포분열 등 미생물의 세포구성성분이 어떻게 만들어지며, 구성되고 조직되는지, 또는 에너지를 어떻게 생산하며, 세포막에서 전자가 어떻게 이동하는가, 또는 세균이 어떻게 운동성을 갖는가에 대한 것이다. 어떻게 보면 이러한 분야들은 전통적인 미생물생리학과 유전학 등에서 다루어져 왔던 분야이다. 하지만 다른 공학적인 지식과 기술이 융합되면, 일반 미생물학에서 다루거나 설명하지 못했던 것들을 시도해 볼 수 있다. 이전에 미생물이 움직이는 것이 너무 빠르고 규칙성이 없어 보였지만, 공학기술의 발전으로 이들 개체 하나하나의 움직임을 장시간 모니터링하여 규칙성을 발견하거나, 미생물이 대사과정 중에 어떤 물질을 분비하는지에 대하여도 최첨단 기술의 도입을 통해 알 수 있게 되었다. 또한 이러한 접목을 통하여 얻은 과학적 지식을 다른 학문 분야에 적용하는 사례도 늘고 있다. 또 다른 한 분야는 바이오센서biosensor, 바이오필터biofilter, 바이오에너지bioenergy, 합성생물학synthetic biology, 폐수처리wastewater treatment 등 미생물 세포 자체를 공장 또는 도구로 이용하여, 화학적으로 합성이 어려운 물질을 생산하고, 환경오염 토양과 물을 정화하고, 분석기계로 탐지가 어려운 미량의 물질을 분석하는 등의 생물공학적인 분야이다. 필자가 대학 재학시절에는 이러한 융합과학의 내용을 많이 다루지 않았다. 하지만 식품공학, 농업과학 등 생물학과 밀접한 연관이 있는 학문 분야와 미생물학의 융합은 예전부터 진행되어 왔다. 알코올발효, 식품발효, 식물비료 등과 같이 미생물이 생산해 내는 물질들과 미생물 자체를 소비하고 이용하는 전통적인 분야들 말이다. 또한 최근 이슈가 되고 있는 지구온난화 문제이해와 해결을 위한 미생물학적인 접근, 동물과 식물로 설명하기 어려운 생태학, 진화적인 질문에 대한 답을 얻기 위한 연구 등도 최근 대두되고 있는 대표적인 미생물학과의 융합과학 분야이다. 여기에서는 이러한 공학적 분야, 농·식품 분야, 생태학 및 진화학과 같은 순수과학 분야에서의 미생물학이 기여하는 정도와 앞으로 나아갈 방향에 대하여 소개하고자 한다.

융합, 통섭, 다학제 간 연구, 소통과 같은 말은 최근 정부의 과제나 여러 가지 방송매체 등에서 유행하고 있다. 국가 차원에서도 융복합 과제 지원, 융복합 학과지원 등 융합 분야에 대한 경제적인 지원을 아끼지 않고 있다. 자신이 가지고 있는 지식에 다른 분야의 지식을 더하여 새로운 지식을 창조하고자 하는 노력 때문일 것이다. 한편으로는 학문적 영역을 넓혀 좀 더 다양한 사람의 관심을 받기 위한 돌파구인지도 모른다. 융합을 통한 새로운 지식창출은 현재 자신의 학문 분야에서 생각하지 못했던 것을 다른 분야와의 접목을 통하여 쉽게 설명할 수 있기 때문 것에 큰 의미가 있지만, 특히 많은 과학 분야에서는 생물학 분야와의 융합이 전반적인 대세이다. 전통적인 물리학, 지구과학, 기계공학, 전자공학 등에서 새로운 영역의 확장을 위하여 많은 경우 생물학을 선택하고 있다. 많은 대학과 연구소의 명칭에 생물 또는 "바이오"가 들어가는 이유이다. 생물화학공학, 지구생물화학, 기계생물학, 생물전자공학 등 생물이 가진 미지의 지식세계와 기존의 탄탄한 자연과학의 만남은 그 발전이 무궁무진할 것으로 기대된다.

하지만, 지식의 융합과정이 그렇게 쉽지만은 않다. 많은 지식의 융합은 한 분야의 전문가와 다른 분야의 전문가가 정상의 상태에서 만나야 좋은 시너지synergy 효과를 얻을 수 있을 것으로 생각된다. 전문적인 지식이 부족한 대학생이나 이제 막 시작한 대원생들이 좋은 융합연구를 하기에는 아직 시기가 이른 것 같다. 융합학문이 과학 영역으로 정립되기까지는 아직 좀 이른 감이 있다. 각 분야의 기초지식이 없이 쌓은 전문지식은 쉽게 공격받고 무너지기 쉽기 때문에 융합과학을 위한 준비를 위해 대학생들은 오히려 탄탄한 기초지식을 쌓기를 희망한다. 건물을 만들기 위하여 좋은 토대를 쌓고 그 위에 높은 빌딩을 올리는 것처럼, 기초지식의 기반 없이는 높은 탑을 올릴 수 없고, 심지어 높은 탑 위에 서로 연결하는 다리도 놓을 수 없다. 지식을 쌓는 과정도 그러하다. 탄탄한 기초 배경 위에 쌓은 전문지식은 높은 탑도 올리고 서로 다른 빌딩 사이에 다리도 연결할 수 있다. 서로 다른 지식 분야가 튼튼하게 연결된다는 의미이다. 따라서 대학교과과정에 융합과학을 많이 포함시키는 것은 바람직하지 않다고 생각된다. 창의적인 생각도 기초지식 없이 나오기 어렵다. 주어진 시간에 학위를 하고 공부를 마쳐야 하는 학생들의 입장에서 두 마리 토끼를 한 번에 잡는 일은 그리 바람직하지 않다. 필자가 속한 학과는 다양한 학문을 융합적으로 가르치는 학과이다. 환경과학과 생태학, 화학, 미생물학 등 다양한 학과의 내용이 융합되어 있는데 학과 강의를 하면서 기초지식이 부족한 상태에서 계속해서 전문적인 지식을 불어넣어 주는 게 쉽지 않다는 것을 매 학기 느낀다. 다른 대학교의 다른 학과도 대부분 마찬가지 일 것으로 생각된다. 인구가 줄고 융합이 언제부터인가 유행하면서 정부의 학부통폐합을 거치면서 나타난 현상 중의 하나이다. 필자를 포함한 많은 교수들이 대학에서는 기초과학을 더 탄탄하게 하고 대학원에서 더 심화된 지식과 융합과학을 하는 것이 좋다고 생각하고 있다. 따라서 여기에서는 심도 있는 융합 내용보다는 좀더 포괄적인 내용에 대하여 교양 수준의 내용을 전달하고 싶다. 현재 융합학문으로서 미생물학의 위치는 어디이며 각 분야와 어떻게 연결되어 있는지에 대해서 말이다. 미생물 분야와 연결된 현재 미래융합기술을 소개하여 심화 있는 지식을 습득한 뒤에 다가올 심도 있는 융합 분야에 대처한다는 생각을 하면 좋을 것 같다.

용어 설명

생지화학(Biogeochemistry) 생물계와 지각·퇴적물에 일어나는 모든 화학과정, 유기물 순환과 영양염 순화에 관한 화학.

질소고정(Nitrogen fixation) 대기 중의 질소가스를 생물이 이용할 수 있는 암모니아(NH_3)로 전환하는 과정으로, 질소고정효소[nitrogenase]를 가지는 미생물만이 수행.

인산비료(Phosphate fertilizer) 세포의 지질과 DNA 등을 구성하는 인산을 제공하는 비료로 제조원료에 따라 천연인산비료와 인조인산비료로 구분된다.

리보좀(Ribosome) RNA와 단백질로 이루어진 거대분자로서 세포 내에서 아미노산을 연결하여 단백질이 합성되는 장소.

유전체(Genome) 유전자와 세포핵 속에 있는 염색체[chromosome]의 합성어로, 염색체에 존재하는 모든 유전자를 총칭하는 말.

질산화(Nitrification) 세균과 고균에 의하여 암모니아가 질산염으로 산화되는 과정.

주

1. Falkowski, P. G., Fenchel, T. & Delong, E. F. The microbial engines that drive earth's biogechemical cycles. *Science* 320, 1034-1039 (2008)
2. Editoral. Microbiology by numbers. *Nature Rev Microbiol* 9, 628 (2011)
3. Canfield, D. E., Glazer, A. N. & Falkowski, P. G. The evolution and future of earth's nitrogen cycle. *Science* 330, 192-196 (2010)
4. Fuerst, J. A. & Sagulenko, E. Beyond the bacterium: planctomycetes challenge our concepts of microbial structure and function. *Nature Rev*

Microbiol 9, 403-413 (2011)

5. Albers, S-V., Forterre, P., Prangishvili, D. & Schleper, C. The legacy of Carl Woese and Wolfram Zillig: from phylogeny to landmark discoveries. *Nature Rev Microbiol* 11, 713-719 (2013)
6. Saengkerdsub, S. & Ricke, S. Ecology and characteristics of methanogenic archaea in animals and humans. *Crit Rev Microbiol* 40, 97-116 (2014)
7. Schuur, E. A. G., et al. Climate change and the permafrost carbon feedback. *Nature* 520, 171-179
8. Leininger, S., et al. Archaea predominate among ammonia-oxidizing prokaryotes in soil. *Nature* 442, 806-809

2장 물리학과 미생물학

물리학은 물질의 물리적 성질, 물질의 운동과 에너지 등 물질이 나타내는 모든 현상, 그리고 그들 사이의 관계나 법칙을 연구하는 자연과학의 학문 분야이다. 주로 많이 듣는 용어들인 입자particle와 파동wave, 양성자proton, 열역학thermodynamics, 정전기static electricity, 엔트로피entropy, 에너지 등을 다루는 학문 분야인 것이다. 생물학과 물리학의 만남을 대표적으로 보여 주는 것이 생물물리학biophysics이란 분야일 것이다. 물리학의 이론과 방법을 이용하여 규칙을 찾아서 세포 안에서 일어나고 있는 복잡한 생명현상을 이해하려는 시도이다. 미생물학자를 비롯한 생물학자들은 소위 유전체학genomics, 단백질체학proteomics, 전사체학transcriptomics 등 "오믹스omics" 기법의 엄청난 발전으로 복잡하고 방대한 정보의 홍수를 접하고 있다. 물리학자들은 이러한 복잡한 생물학적 데이터의 네크워크 속에서 단순한 규칙을 찾는 것을 도와준다.[1]

물리학자들은 그동안 생물구성성분의 구조를 밝히는 것 이외에 동력 단백질인 분자 모터molecular motors의 동력학과 효소enzyme의 활성에 대한 에너지학 등 다양한 분야에서 생물학의 이해에 기여해 왔다. 우리가 알고 있는 많은 생물학자들이 시작은 물리학자였던 분이 많다. DNA나선 구조를 밝혀내어 1962년에 미국의 제임스 왓슨James Watson과 함께 노벨상을 수상한 영국의 프랜시스 크릭Francis Crick과, 세균의 바이러스의 감염에 대한 돌연변이가 무작위적으로 일어난다는 연구로 1969년 노벨상을 수상한 독일의 생물학자인 막스 델브뤼크Max Delbrück는 초기 물리학 연구에 기반을 둔 학자였다고 알려졌다. 물질의 이동과 에너지 등 탄탄한 물리학의 기반이 있으면, 복잡한 생물학의 시스템 안에서 단순한 규칙을 찾을 수 있을지 모른다. 세계적으로 저명한 저널인 《네이처》의 생물학 분야 편집자가 물리학을 기초를 둔 학자로 교체되기도 했다. 세계적으로 물리학과 생물학의 공생과 융합이 추세이기는 하지만, 물리학자가 생물의 시스템을 이해하고, 생물학자가 물리학의 복잡한 이론과 규칙을 이해하는 것은 단순한 작업이 아닐지 모른다. 아메바amoeba가 영양분이 없을 때 모여들어 특이한 구조를 나타내는 일을 생물학자들이 고민하고 있을 때, 물리학자들이 모델을 만들고, 이를 기반으로 실험을 하여 성공적으로 운동기작을 밝힌 바가 있는 것처럼, 물리학은 복잡한 생물학 현상을 모델링modeling과 실험으로 증명해 줄 수 있는 것이다.[1] 단백질에 인산phosphate이 결합되어 변형이 일어날 때, 생물학자들이 어떤 단백질들이 인산으로 인해 변형되는가? 또는 인산으로 변형된 단백질의 기능은 어떻게 되는가? 등의 질문을 던질 때, 물리학자들은 더 기초적인 질문, 즉 왜 다른 것도 많은데 하필 인산인가?라는 의문을 가지고 연구를 시작한다고 한다. 이처럼 생물학자와 물리학자는 기본적인 질문부터가 다르다. 그렇기 때문에 이 두 분야의 시너지가 잘 일어나면 지금까지 알려지지 않았던 새로운 생물학의 지식을 얻을 수 있게 될 것이다.

아마도 물리학과 미생물학의 만남은 처음 1950년대부터 시작된 분자생물학 분야가 발전하였을 당시부터였을 것이다. 현재 모델미생물로서 가장 많이 연구되고 있는 대장균*Escherichia coli*으로부터 많은 단백질들이 과다발현overexpression, 정제purification되어 구조가 밝혀지고부터 시작된 것으로 생각된다. X선X-ray, 핵자기공명NMR, nuclear magnetic resonance 등을 이용한 단백질의 구조분석이 현재 가장 물리학과 근접한 분야로 생각된다. 지금까지 많은 단백질 구조분석을 통하여 생명현상에 대한 많은 과학적 지식을 얻었다. 대표적인 예가 현재 미국 예일대학교에 재직하고 있으며, 2009년 노벨상을 수상한 토머스 스타이츠Thomas A. Steitz 교수의 리보좀ribosome 거대복합체의 삼차구조연구이다. 이 연구를 통하여 단백질 합성과정의 구조와 기능관계를 규명했고, 이를 이용하여 새로운 항생제 개발에도 기여했다.[2] 많은 항생제들이 리보좀을 타깃으로 하고 있기 때문이다. 리보좀의 구조가 있으면 알려진 항생제의 기작에 관한 연구는 물론, 새로운 항생제를 개발하는 데에도 도움이 되기 때문이다. 구조를 밝히기 위한 물리학적 접근이 없었으면 불가능한 일이었다. 그 밖의 노벨상 수상자들 중에서도 단백질의 구조를 규명하여 이후 의약학적 연구나 치료제 개발에 크게 공헌한 예가 많이 있다. 단백질 구조뿐만 아니라 다양한 생체물질의 구조도 위의 물리적인 방법으로 풀어 냈다. 대표적인 것이 X선으로 밝힌 DNA구조이다(그림 1).

그러므로 물리학의 구조연구와의 만남은 미생물학과 물리학의 오래된 융합 분야이고 지금까지도 매우 중요한 과학의 한 분야이다. 그렇기 때문에 흔히 생물물리학 연구자 하면 단백질 구조 분석 연구자를 떠올리게 된다. 현재 많은 국내외 대학의 연구자 중 단백질 구조에 관한 연구를 하시는 분들은 자신의 연구실을 구조생화학structural biochemistry 또는 생물물리학 연구실이라고 부르며 연구하고 있다. 이와 같은 단백질 구조분석은 미생물학에 국한된 것이 아니라 전체 생물학 분야와 연결되어 있다. 최근 중이온RI, rare isotope 가속기accelerator라는 용어를 신문과 뉴스를 통해 많이 접할 수 있다. 중이온은 핵물리학에서나 들을 수 있는 용어로 수소나 헬륨을 제외한 무거운 원소의 이온상태로 방사선 중 한 가지이다. 가속기란 입자나 이온을 빛의 속도로 가속시키는 장치이다. 중이온은 자연 상태에도 존재하며, 인위적으로 생성시킬 수도 있다. 이를 이용하면 빠른 속도로 입자나 이온이 물체의 깊은 곳까지 들어가 극미한 물질의 세계를 관찰할 수 있다고 한다. 현재 단백질의 구조분석에는 위에 언급한 X선이 많이 사용되지만, 이를 통한 구조분석 시 단백질 시료에 물의 함량이 70% 이상 되어 활성산소ROS, reactive oxygen species 및 자유전자가 다량 발생하여 불안정한 단백질 구조결정을 변형시킴으로써 분석에 어려움을 준다. 중이온 빔의 경우 이러한 단점들이 극복되므로 지금까지의 기술 중에 단백질 구조분석을 안정되게 할 수 있는 기술로 여겨지며 많은 연구실에 사용되고 있다. 단백질 구조를 밝히기 위

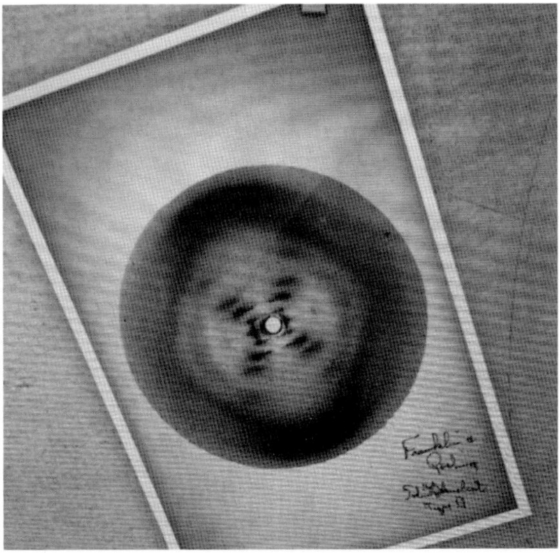

그림 1 1952년 프랭클린이 찍은 DNA X선 사진(출처: 과천국립과학관). 왓슨과 크릭이 1953년 DNA 이중나선과 구조를 밝히는 데 결정적인 기여를 한 X선 회절이미지이다. 로절린드 프랭클린(Rosalind Franklin)은 영국의 생물물리학자로 DNA, 바이러스, 석탄, 흑연의 구조를 밝히는 데 기여를 했다.

해서는 단백질의 결정을 갖는 것이 필수 요소인데, 주로 대장균에서 해당 단백질을 과다 발현시켜 정제한 후에 결정을 만든다고 한다. 단백질 결정이 잘 만들어지는가 아닌가는 매우 중요한데, 아직까지는 엄밀한 과학적인 방법이 아니라 엄청난 횟수의 시도와 실패를 통하여 얻는다고 한다. 결정이 형성되는지 알아보기 위해 다양한 온도 조건, 반응 용액, 다양한 농도 등 많은 변수들을 최적화하여 결정 형성을 관찰한다. 특히 막 단백질은 막membrane에 존재하기 때문에 결정을 만들어 구조를 밝히는 데 가장 어려운 단백질이라고 한다. 최근에 일본 연구팀에 의해 조류algae에서 빛에 의해 열고 닫히는 채널 로돕신channel rhodopsin의 구조가 밝혀져《네이처》의 표지를 장식했다.[3]

구조분석과 함께 단백질의 접힘folding과 접힘 경로에 대한 이해 또한 물리학적인 접근을 통하여 연구되고 있다. 어떻게 고분자의 아미노산 사슬인 단백질이 특유의 접힘을 갖는가? 또는 어떻게 단백질이 만들어지면서 세포의 지질 막에 들어가서 제대로 된 접힘 과정을 하는가? 등에 대한 궁금증을 해결하기 위하여 다양한 물리학적 접근 방법이 이용되고 있다. 이러한 생체분자의 접힘 과정 또는 자발적으로 뭉치는 과정self-assembly, self-aggregation은 알츠하이머alzheimer, 광우병(소해면상뇌증)Bovine Spongiform Encephalopathy과 같은 인간과 동물의 질병과도 많은 관련이 있기 때문에 매우 중요한 연구 분야이다. 단백질 접힘은 주로 수소결합hydrogen bonding과 같은 부호의 전하들 혹은 다른 부호의 전하들 사이의 전기적 상호작용 등을 통하여 일어난다. 이때 열역학thermodynamics적으로 안정된 형태가 되어 최종 접힘 상태를 유지하기 때문에 물리학의 중요한 분야인 열역학에 대해 이해하는 것이 필수이다. 열역학은 에너지, 열, 엔트로피entropy 등을 다루는 물리학의 중요한 분야이다. 현재 아미노산 서열을 분석하여 다양한 결합과 열역학 법칙을 이용하여 직접 구조분석 실험을 통하지 않고 구조를 예측하는 분야가 인기를 얻고 있다.

현재 미생물의 많은 유전체가 분석되고 아직도 기능과 구조를 모르는 많은 유전자들이 존재한다. 미국국립생물공학정보센터National Center for Biotechnology Information 데이터베이스에 등록된 완성된 미생물 유전체는 현재 9만 가지가 넘고 바이러스virus가 7

천 가지, 플라스미드plasmid가 9천 가지 정도로 실로 엄청난 숫자이다. 매년 수천 개의 미생물 유전체가 등록되고 있는 것이다. 1997년에 유전체가 알려지고 수십 년간 가장 많이 연구된 게 대장균이지만, 아직까지 대장균 유전체의 많은 유전자들의 기능이 전혀 알려지지 않아 "알려지지 않은unknown"이라고 표시되어 있다. 대장균의 총 4,460개의 유전자들 중, 76%는 생화학적 기능이 실험과 문헌을 통해 예측되고, 66%(2,941개의 유전자)의 유전자는 실험적으로 기능이 증명되었다. 결국 24%에서 34% 정도는 모르거나 아직 정확하지 않은 것이다.[4] 유전체가 알려지고 가장 연구가 많이 된 다른 생물들도 비슷한 상황이다: 효모*Saccharomyces cerevisiae*는 2,319개(37%)가, 애기장대 식물모델 애기장대 풀*Arabidopsis thaliana*은 1,816개(5%), 생쥐모델*Mus musculus*은 1,456개(4%), 초파리모델*Drosophila melanogaster*은 614개(4%)만이 실험적으로 유전자들의 기능이 증명되었다.[4] 앞으로 유전자기능을 밝히기 위해서 해야 하는 일어 너무나도 많다. 단백질의 구조분석을 얻으면, 구조예측을 통하여 유전자의 기능을 유추할 수 있다. 실제로 유전자 염기서열이 현저하게 다름에도 구조분석을 통하여 비슷한 구조를 갖는다는 것을 알면 실제 어떤 기능을 수행할지에 대한 예측이 가능해서 지금까지 알지 못했던 유전자의 기능을 알아낼 수 있다. 유전자의 염기서열이 다르더라도 접힘 상태를 보면 단백질이 어떤 기능을 수행할지 예측할 수도 있다(그림 2). 필자의 연구실에서도 이러한 일을 수행하여 세균의 철 환원 효소의 기능을 구명한 바 있다.[5] 세균의 철 환원 효소Iron reductase는 유전체상에서 알려지지 않은 경우가 많은데 잘 알려진 대장균의 구조

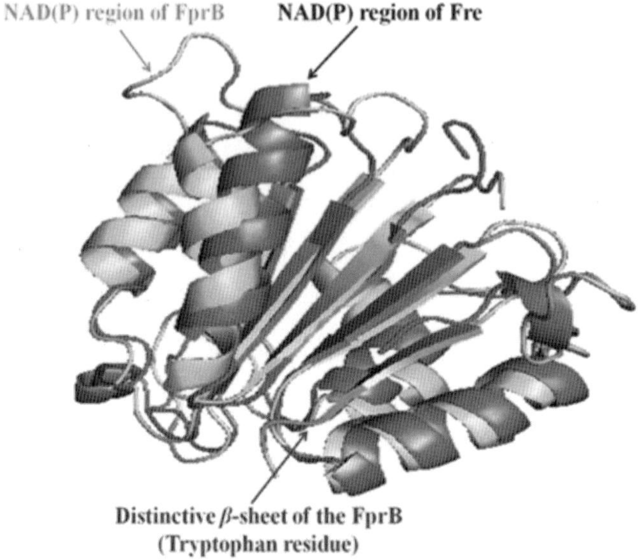

그림 2 대장균의 철환원 효소의 단백질과 토양균인 슈도모나스균의 기능이 알려지지 않은 단백질의 접힘이 같기 때문에 철환원효소 기능을 할 것으로 예측할 수 있다(대장균의 철환원효소와 슈도모나스균의 효소를 겹쳐 놓은 그림).[5]

와 함께 비교하여 새로운 Fpr라는 단백질의 구조가 비슷하다는 점에 착안 실험을 진행하여, Fpr라는 단백질이 토양 세균에서 주요한 철 환원 효소임을 증명하였다.[5]

구조예측을 위해서는 단백질 에너지 함수의 디자인, 구조 및 접힘 동역학 등 생물공학[BT]과 정보공학[IT]은 물론 통계물리학이 결합된 융합과학이 필요하다. 컴퓨터 시뮬레이션[simulation]을 통하여 단백질들의 수많은 접힘 구조를 찾아내고 이들의 다양한 아미노산 사이의 거리와 열역학적 분석을 통하여 가장 안정화된 구조를 찾아내는 것이다. 최신 생명정보학

bioinformatics적 접근과 물리학의 융합과정인 것이다. 미생물 또는 다양한 생물의 유전자 기능을 추측하기 위하여 생명정보학과 물리학적 분야가 이용되고 이를 증명하는 일들이 세계 각국 연구실에서 진행되고 있다. 지금까지 최종 접힘 구조를 연구하는 방법에 대하여 설명하였지만 접힘 과정에 대한 연구는 아직도 많은 한계가 있다. 미래에는 아마 유전자 정보를 컴퓨터에 넣으면 자동으로 아미노산서열의 단백질 접힘 과정을 보여 주고 최종 접힘 구조를 예측하여 단백질의 추측되는 기능을 알려주고 이를 기반으로 한 다양한 상호작용 단백질, 대사물질, 신호전달 물질 등을 알아낼 수 있을 것으로 기대된다.

필자가 1990년대 후반에 미국 위스콘신 주립대학교 미생물학과 대학원재학 중에 지도교수께서 생물물리학을 연구하시는 톰 레코드(Tom Record)라는 분이셨는데(아직도 같은 대학에서 재직 중이시다) 단백질과 DNA의 상호작용을 물리학적으로 설명하는 연구를 진행하고 계셨다. 이때 알게 된 것이 쿨롱법칙Coulomb's law이다. 물리학에서 사용하는 쿨롱법칙은 두 대전된 입자 사이에 작용하는 정전기적 인력이 두 전하의 곱에 비례하고 두 입자 사이의 거리(r)의 제곱에 반비례한다는 법칙이다. 수학적으로 $F=Ke\ q_1q_2/r^2$로 표현하고 있는데 이때 F는 힘, Ke는 쿨롱상수coulomb constant, q_1q_2는 전하의 크기, r는 두 전하 사이의 거리를 나타낸다. 쿨롱법칙은 단백질, DNA 등의 생체분자가 공유결합covalent bond이 아닌 결합, 주로 정전기 상호작용electrostatic interaction을 설명할 때 쓰여진다. 단백질의 일부 아미노산과 DNA는 전하를 가진다. 이러한 전하는 금속 등과 반응할 때 또는 단백질과 DNA가 결합할 때 중요하게 작용하게 된다. DNA는 인산기 때문에 음전하를 가지고 이러한 DNA에 결합하는 단백질의 표면은 주로 양전하를 가져 DNA와 단백질의 결합이 안정성을 갖게 되는 것이다. 정전기 상호작용의 결합의 힘은 주변 용매의 다른 이온들이나 이온 형태가 아닌 다른 용매들에 의하여 변화하게 된다. 세포 내에 수 많은 물질이 존재하는데 어떻게 DNA와 단백질의 상호작용 또는 단백질과 단백질의 상호작용이 정교하고 빠르게 일어날 수 있을까? 어떻게 자신이 결합하고자 하는 파트너를 정확하게 찾아내고 반응을 빨리 할 수 있을까? 정확한 정답은 아직 모르지만 일부 과학자들은 물리학과 화학에 기반한 거대분자 밀집효과macromolecule crowding effect라는 현상으로 설명하고 있다.[6] 세포 내의 실제 분자들은 아주 밀집되어 있어 이들의 농도가 실제로 엄청나게 높아서 반응이 안정적이며 쉽게 일어날 수 있다는 설명이다.

이러한 단백질과 다른 생체물질 또는 대사물질과의 상호작용의 연구에 물리학에서 사용하였던 광학기술과 열역학적 방법도 이용되고 있다. 광학물리학photophysics과 생물학의 융합학문은 레이저와 같은 빛 또는 빛의 성질을 이용하여 생명체 구조, 특성 등을 연구하는 학문으로 현재 생물학을 비롯한 여러 분야에서 각광받고 있다. 표면플라스몬공명surface plasmon resonance이라는 기술은 얇은 금속판에서 반사되는 광선의 굴절각을 이용하여 물질의 성분과 양을 측정할 수 있는 기술로 단백질을 금속판 위에 고정시키고 이 단백질에 결합하는 물질 또는 다른 단백질이 붙으면 금속판의 위치가 바뀌고 제공했던 광선의 반사되는 굴절각이 변화되어 물질이 결합했는지의 여부와

양을 측정하는 것이다. 표면플라스몬공명을 이용한 바이오 센서biosensor 개발도 진행되고 있다. 또한 등온적 열량계Isothermal titration calorimetry를 이용하여 단백질과 단백질, 또는 단백질과 상호작용하는 물질 등 이들이 결합할 때 나오는 열량을 계산하여 반응 정도를 알아낼 수 있는데 등온적 열량계도 물리학에 기반한 장치이다. 이와 같이 다양한 물리학적 접근을 통하여 단백질의 기능과 구조를 연구하고 있다.

의학 분야에서 활발하게 연구되고 있는 바이오이미지bioimaging 분야, 물리학을 이용한 치료법, 의학에서 사용되었던 물질의 압력, 온도, 물질의 흐름, 확산diffusion 등 다양한 물리학적인 요소들이 미생물학과 접목을 시도하고 있다. 이미지 분야에서 빼놓을 수 없는 것이 현미경인데 미생물 관찰과 연구를 위한 다양한 현미경들의 원리 또한 물리학에 기반하고 있다. 제일 흔한 현미경이 광학현미경인데 일반물리학에서 많이 다루는 빛의 굴절과 렌즈의 원리를 이용하여 개발되었다. 문헌에 의하면 1600년 전후로 렌즈가 처음 만들어졌다는 보고가 있으니 이 얼마나 오래된 과학의 산물인가. 현재에는 이러한 물리학의 빛의 굴절과 광학원리를 이용하여 전자현미경 등 다양한 현미경이 개발되어 미생물학에 이용되고 있다. 버섯과 같이 크기가 커서 눈에 보이는 미생물도 있지만, 대부분의 미생물들은 마이크로 단위의 작은 생물로 관찰을 위해서는 현미경이 절대적으로 필요하다. 최근 원자간력현미경AFM, atomic force microscopy이 첨단미생물학 분야에 많이 사용되고 있다. 전자현미경인 주사형프로브현미경scanning probe microscope의 한 종류로 현미경의 팁과 시료 표면 간에 작용하는 원자간력을 이용하여 재료 표면의 상태를 이미지로 얻는다. 미생물의 세포막과 부착기 등을 분자 수준에서 입체적으로 볼 수 있기 때문에 매우 각광을 받고 있으며, 특히 항생제, 나노물질, 펩타이드 등과 같은 물질에 상해를 입은 미생물의 AFM관찰을 통하여 상해기작을 연구하는 데 많이 이용되고 있다. 물리학 분야에 초임계supercritical라는 용어가 있다. 임계점이란 물질이 존재할 수 있는 최대의 압력과 온도로 이런 물질을 초임계 유체supercritical fluid라고 하는데 이런 상태에서는 기체와 액체를 구별할 수 없는 상태가 된다. 초임계 유체는 분자의 밀도는 액체에 가깝지만 점성도는 낮아 기체에 가깝다고 할 수 있다. 또 확산이 빨라 열전도성은 물만큼이나 높다. 이런 초임계 유체는 화학반응이 매우 용이하기 때문에 용매로 사용하여 혼합물에서 특정 성분을 분리하는 일들에 자주 사용되어 왔다. 미생물학에서는 세균, 바이러스 등의 살균에 접목되어 최근 주로 사용되고 있으며 미생물을 이용한 물질생산 후에 물질의 추출과정이나 미생물 세포 내 유용물질의 분리 등에 사용되고 있다. 물리학에서 많이 연구되는 물질의 흐름과 확산 또한 미생물학에서 오래전부터 연구되어 오던 분야이다. 세포막에서 미생물이 사용하는 물질이 어떻게 이동할 것인지, 세포 내에서는 단순한 확산으로 이동되는 것인지 등 다양한 질문에 물리학적 지식과 생물학적 지식이 접목되고 있다. 이와 같은 이유로 막물리학membrane physics이라는 분야가 따로 있을 정도이다.

최근 물리학에서 연구되어 오던 끈 이론String theory과 퀀텀물리학quantum physics이 생물학과 접목되고 있다. 끈 이론은 물질의 최소단위가 점 입자가 아니라 진동하는 끈이라는 물리 이론이다. 입자의 성질과 자연의 기본적인 힘이 끈의 모양과 진동에 의해 결정된다는 것인데 자연계에 존재하는 다양한 힘(중력, 전자기력 등)을 하나의 원리로 설명하려는 시도에서 출발했다고 한다. 시스템생물학system biology의 복잡한 상황을 끈 이론으로 설명하려는 시도이다. 또한 퀀텀이론은 나노 단위에서의 물리적 현상을 연구하는 것인데 최근 각광받고 있는 퀀텀생물학은 생물체의 화학결합, 이온화 등 에너지의 다양한 화학적 변화(화학반응, 광 흡수, 전자와 수소이온의 이동 등)를 컴퓨터를 이용하여 물리학적인 퀀텀이론 측면에서 예측하는 학문이다. 향후 이러한 새로운 물리의 이론들이 어떻게 생물학 또는 미생물학과 접목되는지 흥미롭게 지켜볼 만하다.

용어 설명

오믹스(omics) 생물학 데이터의 대량생산을 목적으로 하는 다양한 실험 기법들을 통칭하는 용어로 유전체학, 단백체학, 전사체학 등을 말한다.

분자 모터(molecular motors) 세포 내에서 다양한 물질을 지정한 장소로 운반하는 역할 등을 하는 동력단백질.

조류(algae) 비공식적 과학용어. 클로렐라, 규조류 등의 단세포와 미역, 다시마와 같은 다세포의 진핵생물.

로돕신(rhodopsin) 고균으로부터 인간에까지 걸쳐 존재하는 빛을 인식하는 막 단백질로 옵신단백질(opsin)과 레티날(retinal)이라는 화학물질로 구성.

바이오센서(biosensor) 특정 타깃물질과 특이적으로 반응하거나 결합하는 효소 및 생체물질을 전자기판 위에 올려 놓고 원하는 타깃물질과 결합하게 되면 이것을 전자신호로 바꾸어 주는 장치.

주

1. News feature. Bridging the culture gap. *Nature* 419, 244-246 (2002)
2. Steitz, T. A. A stucutral understanding of the dynamic ribosome machine. *Nat Rev Mol Cell Biol* 9, 242-253 (2008)
3. Kato, H. E., et al. Crystal structure of the channelrhodopsin light-gated cation channel. *Nature* 482, 369-375 (2012)
4. Karp, P. D., et al. Multidemensional annotation of the *Escherichia coli* K12 genome. *Nucleic Acids Res* 35, 7577-7590 (2007)
5. Yeom, J., Jeon, C. O., Madsen, E. L. & Park, W. Ferredoxin-NADP+ reductase from *Pseudomonas putida* functions as a ferric reductase. *J Bacteriol* 191, 1472-1479 (2009)
6. Batra, J., Xu, K., Qin, S. & Zhou, H. X. Effect of macromolecular crowding on protein binding stability: modest stabilization and significant biological consequences. *Biophys J* 97, 906-911 (2009)

3장 운동성, 기계공학과 미생물

기계공학 분야는 우리가 생각하는 기계machines만을 다루는 것이 아니라 역학mechanics의 의미가 훨씬 더 큰 학문 분야이다. 때문에 'machine engineering'이 아니라 'mechanical engineering'인 것이다. 기계라는 커다란 시스템을 설계, 제작, 작동시키기 위한 모든 일련의 분야들이 포함되는 학문으로 전통적으로 유체 및 고체역학, 동역학, 열역학, 진동공학, 기계설계 등의 분야를 공부한다. 하지만 기계공학 분야는 물리학과 전자공학 분야 등과 공학적인 요소를 공유하기 때문에 딱히 어떤 분야는 기계공학이고 물리학이고 구분하는 일은 여기에서는 하지 않으려고 한다. 기계는 엄청나게 많은 부품이 유기적으로 연결되어 작동하므로 이러한 기계를 하나의 시스템으로 보고 다루는 학문이다. 어떻게 보면 생물의 세포가 기계와 비슷하다는 생각이 든다. 세포가 기능을 하기 위해서는 무수히 많은 분자와 단백질, 지질 등이 움직이고 서로 맡은 기능을 수행하고 이들이 유기적으로 잘 연결되어 있어야 하는 것처럼 말이다. 최근에는 세포를 공장으로 간주하여 묘사하는 문헌들이 많은 이유도 아마 같은 이유일 것이다. 최근 기계생물학Mechanobiology이라는 용어가 많이 등장하고 실제 미국 MIT대학을 비롯한 많은 해외 대학에서 기계생물학이라는 연구실이 생겨나고 있다. 국내에도 기계공학과에 이와 관련된 연구를 하는 연구자들이 늘어나고 있다. 예전엔 한 번도 들어보지 못했던 분야이다. 기계공학과 생물은 어쩐지 어울리지 않는 단어의 조합으로 생각된다. 하지만 내용을 보면 매우 흥미로운 연구들이 진행되고 있다. 전통적인 기계공학은 동역학, 열역학을 이용한 에너지 전달, 물체의 형상변화를 연구하는 고체역학 또는 재료역학, 유체역학 등을 배우는 분야이다. 아직 미생물학과 기계공학의 두 분야의 융합은 초기 단계이다. 최근 기계생물 분야의 학회 내용을 보면 현재 기계생물학 분야를 어느 정도 짐작할 수 있다. 어떻게 근육 또는 심장이 수축하는가? 세포골격cytoskeleton과 핵막은 기계적으로 어떻게 연결되어 있는가? 미생물의 이온ion을 통과시키는 막은 어떻게 움직이는가? 어떻게 촉각이 뇌에 신호를 전달하는가? 세포막의 늘림stretching은 어떻게 일어나는가? 세포막의 유동성은 어떻게 조절되는가? 각각의 세포들은 동물 체내에서 어떻게 움직이는가? 등에 대한 내용이 연구발표의 주를 이루고 있다. 아직 미생물학과의 융합이 활발하지는 않지만, 기계생물학을 크게 보면, 미생물을 포함한 단일세포를 기계로 생각하고 기계를 구성하고 있는 기계 구성요소들(효소, 지질 막, DNA 등)이 어떻게 만들어지고 세포 안에서 조직적으로 움직이는가에 대한 질문에 답을 구하는 연구 분야로 이미 과거에서부터 많이 진행되어 오던 일을 기계생물학을 이용하여 새롭게 해답을 찾으려는 것이다. 세포를 구성하는 단백질들의 기계적인 움직임과 이와 관련된 신호전달, 기계적인 조합처럼 복합체를 이루는 과정 등이 주로 연구되고 있다.[1] 다른 분야는 미생물을 비롯한 세포들이 어떻게 기계적인 자극에 대한 반응하는가에 대한 연구와 기계의 움직임처럼 어떻게 세포가 분열하고 움직이는가에 대한 연구 분야이다.

다양한 세포 내 단백질들은 ATP와 같은 에너지를 사용하여 움직인다. 생물학에서 단백질의 움직임에 대하여 유명한 내용이 키네신Kinesin이라는 진핵생물의 세포 내 단백질인데 세포 내의 세포골격 위를 움직이며 단백질의 이동을 도와주는 역할을 한다.[2] 실제 유튜브Youtube 등을 통해 이들의 움직이는 동영상을 볼 수 있는데 마치 사람이 걸어 다니는 것처럼 키네신을 인간으로 비유해 놓고 인간의 등에 운반할 단백질을 지고 움직인다. 최근 연구에서 키네신의 단백질이 hand-over-hand기작(두 손을 번갈아 잡는 것 같은 기작)으로 움직인다는 흥미로운 결과가 물리학과 생물학의 융합의 결과로 세계적인 과학 잡지인《사이언스》에 보고되기도 하였다.[2]

세균에서도 진핵생물의 세포골격과 비슷한 단백질이 존재한다.[3] 이들은 미생물 세포의 모양과 분열, DNA의 이동 등에 관여할 것으로 보고되고 있지만, 아직까지 세포골격 위를 키네신처럼 걸어 다니며 필요한 곳에 단백질을 운반하는 것에 대한 것은 알려진 바가 없다. 또한 대장균과 같은 세균의 세포가 어떻게 소리, 중력, 삼투압 또는 기계적인 자극에 대하여 반응하는지에 대한 연구가 활발히 연구되고 있다. 세균을 이용한 이러한 기계적인 민감성mechanosensitivity에 대한 연구는 아주 흥미롭다. 최근 《사이언스》를 비롯한 주요 저널에서 MscS라는 단백질이 소개되었는데 MscS의 구조적인 기계공학적인 연구를 통하여 세포막에 있는 이온 물질들을 통과시키는 단백질인 MscS가 풍선과 같이 부풀었다 줄었다를 반복하면서 선택적으로 물질을 통과시킨다는 사실이 발표되었는데 어떻게 풍선과 같이 움직이는가에 대한 연구가 바로 기계생물학의 중요한 연구 분야이다.[4] 이러한 연구 분야는 기존의 미생물학자가 접근하기 힘든 연구 분야이다.

MIT 기계생물학과에서 현재 중점적으로 연구되고 있는 연구 분야를 보면, 어떻게 세포가 기계적인 자극에 반응을 하는가에 대한 연구가 있다. 현재에는 배양세포의 바닥에 팽윤swelling 등을 임의적으로 주어 반응하는 단백질을 찾아내는 일 등을 진행하고 있으며, 이러한 연구는 세포들이 접촉하였을 때 발생하는 일들과, 암 발생과 혈관생성 등의 연구에 중요할 것으로 생각되고 있다. 처음 필자가 기계생물학을 접하게 된 것은 미국미생물학회American Society for Microbiology에서이다. MIT의 로만 스토커Roman Stocker 교수는 세균이 어떻게 물의 흐름에 대하여 "rheotaxis"를 가지는가에 대한 연구를 발표한 바 있다.[5] Rheotaxis는 주류성이라고 번역되는데 Rheo-(물질의 유동이란 뜻)과 Taxis(주성)라는 말의 복합어이다. 주로 어류, 수중 무척추동물, 플랑크톤과 같은 수중생물이 물의 흐름의 방향과 반대 방향으로 머리를 향하게 하여 물의 흐름에 쓸려 나가지 않고 자신의 위치를 지키는 것을 설명할 때 쓰인다. 또한 곤충, 정자, 요각류copepod와 와편모조류dinoflagellates 등의 주류성은 잘 알려진 바 있지만 세균의 경우에는 알려진 바가 없었다. 주로 세균의 연구에서는 화학물질의 농도 구배concentration gradient에 따라 높은 농도 방향으로 세균이 이동하는 화학주성chemotaxis이 잘 알려져 있지만 물의 흐름에 따라 이동하는 주류성은 연구되지 않았던 분야이다. 화학주성은 토양의 세균이 식물이 내는 물질의 농도를 인식하여 식물뿌리 방향으로 이동하거나, 해양세균이 유기물 농도가 높은 방향으로 이동하는 등 많은 예들이 알려져 있고 분자생물학적 기작 또한 많이 연구되었다. 특히 세균이 식물의 플라보노이드계 물질을 인식하여 이동한 후, 자신은 포도당 같은 것으로 만들어진 물질을 분비하여 질소고정을 시작하는 질소고정nitrogen fixing세균과 식물의 상호작용은 매우 잘 연구된 분야이다. 2012년《미국학술원논문PNAS》에 스토커 교수에 의해 소개된 주류성은 그동안 고체의 표면에서 미는 작용shear-driven에 의한 운동성은 알려졌지만, 액체상태에서 주류성이 있다는 것을 처음 보고하였다. 이와 같은 세균의 운동성을 기계공학적으로 설명하려는 시도들이 늘어나고 있다.[6] 최근 싱가포르대학에서는 기계생물학 프로그램을 확장하였는데 어떻게 미생물이 환경 및 기계적인 자극을 인지하는가에 대한 연구가 활발하게 진행되고 있다. 또한 학과 프로그램을 보면, 세균분열의 구성성분이 어떻게 조직되는가에 대한 연구, 이러한 기계적 자극이 어떻게 유전자 발현을 유발시키는가에 대한 연구 등 다양한 연구가 진행되고 있다. 또한 유전체가 어떻게 단백질들과 엉켜서 구조를 유지하고 있는지에 대한 연구 등도 싱가포르대학 기계생물학과에서 다루어지는 분야 중의 하나이다.

이와 같이 현재의 기계공학에서의 주된 연구는 미생물의 운동성에 관한 연구이다. 운동성을 가지기 위해서는 ATP가 필요한데 현재 세균은 자신의 크기에 비해 엄청나게 운동성이 좋은 생물에 속한다. 동물의 경우 치타가 1초에 자신의 몸 길이의 10배를 뛴다고 하는데, 세균의 크기는 보통 1마이크로미터 정도로 엄청나게 작지만 운동성의 경우 편모flagella를 이용하여 자신의 몸 길이의 100배를 움직일 수 있다고 하니 세상에서 가장 빠른 생물임에 틀림없다(그림 1). 미생물 중에는 편모를 가지지 않지만 운동성이 있는 경우도 있다. 그러면 어떻게 이렇게 빨리 움직일 수 있는가에 대한 해답을 찾기 위해 운동성을 부여하는 ATP를 생산하는 단백질과 ATP를 사용하여 편모의 기계적인 움직임에 대하여 활발하게 연구되어 왔다. 실제는 수소이온의 농도구배를 사용한다. 하지만 수소이온의 농도구배는 결국 ATP 생성과 관련되어 있기 때문에 여기서는 같은 의미로 언급될 수 있다. 결국에 수소이온의 농도구배를 이용한 모터와 같은 단백질을 이용하여 편모가 회전하는 것이다. 이미 이러한 연구 분야는 오래전부터 연구되어 오던 분야이지만 현재 기계공학의 연구 분야와 융합되면서 공학적인 설명이 더해져서 유전학과 분자생물학에서 지금까지 설명하지 못했던 것들에 대하여 더 심도 깊은 연구가 진행되고 있다.

세균의 편모는 수 마이크로미터의 길이에 3만 개나 되는 단백질로 이루어져 있으며 이들이 시계 반대방향으로 회전할 때 앞으로 나아간다. 미생물학에서는 달리기running라고 한다. 멈추고 다른 방향으로 움직일 때 방향을 바꾼다. 이것은 텀블

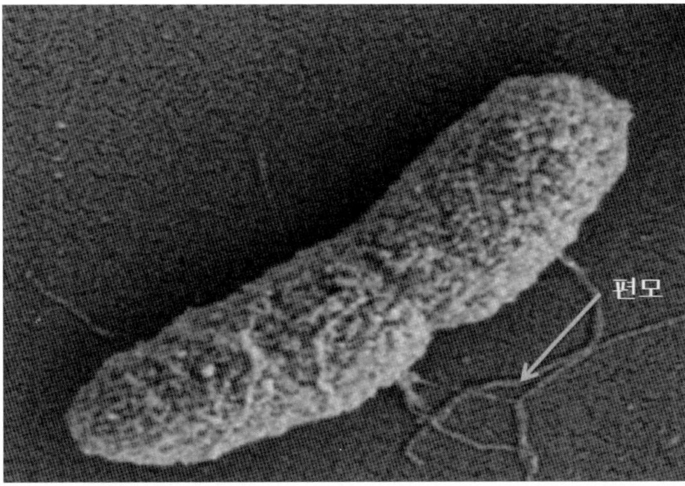

그림 1 전자현미경으로 본 토양세균인 슈도모나스 푸티다(*Pseudomonas putida*). 편모가 보이지만 샘플을 준비하는 과정에서 편모가 잘라졌음을 확인할 수 있다.

링tumbling이라고 한다. 흥미롭게 뒤로 가는 백 기어는 없는 것이다. 뒤로 가기 위해서는 몸을 계속 회전하여 앞머리를 뒤로 돌려 다시 가야 한다. 이러한 것을 기계공학적으로 모델링 하는 것은 매우 어려운 과정이다. 편모가 프로펠러처럼 돌면서 움직이는데 텀블링을 할 때 세균의 주변 물과 마찰에 의해 한다고 연구되고 있다. 최근 연구에서는 외부에서 보이는 편모가 없는데도 불구하고 움직임을 가지는 세균들에 대하여 연구되고 있는데, 이들은 주고 나선형helical구조를 가지고 세포 안에 내생편모endoflagella를 가지고 있는 것으로 알려졌지만 아직 이들의 기계적인 구조와 운동성에 대한 연구는 미흡한 편이다.

운동성을 가진 생체분자로 알려진 것들은 ATP 생성효소FoF1

ATPase, 헬리케이즈helicases, 염색체전위효소translocases, 미오신myosin, 키네신kinesin과 다이네인dynein 등이 있다. 이들 대부분은 회전rotation이나 리니어 동력linear motors(직선으로 움직이는 동력)으로 이동하지만 염색체전위효소 등과 같은 경우에는 2013년 제안된 지구의 공전과 같이 움직이는, 생체물질의 회전없는 공전revolution without rotation으로 움직인다.[7] F_oF_1 ATPase, 헬리케이즈, RNA 중합효소RNA polymerase, 편모 등이 회전으로 움직이는 대표적인 예이고, 미오신, 키네신과 다이네인은 리니어 동력으로 움직인다.[7] 이들이 운동을 이해하기 위해서는 다양한 물리적 이해가 필요하다. 운동성 생체분자의 운동기작의 이해는 기초과학에서 매우 중요한 분야이기도 하지만, 향후 나노머신 등에 동력을 부여할 수 있는 응용연구를 위한 토대를 마련해 줄 것이다.

미생물학에서 운동성 이외에 기계생물학적 분야가 다루는 분야는 미생물이 어떻게 다양한 서식지에 부착하는가에 대한 연구 분야이다. 환경미생물은 바위, 식물의 잎, 토양입자 등 다양한 서식지에 부착생활을 하고, 병원성 미생물은 다양한 동물세포의 표면에 부착하는 것을 시작으로 감염에 이르게 한다. 이러한 현상에 대한 기계공학적인 해석을 위한 노력이 진행되고 있는데, 미생물의 서식지 흡착에 관한 연구는 공학, 의학 등의 분야에서 매우 중요하며 이는 생물막Biofilm 형성이라는 내용으로 많은 교과서에 소개되고 있다. 생물막을 형성하여 살아가는 것은 아마 미생물의 생활사에서 대부분을 차지하는 형태이며 표면에 부착하여 생장하고 분열한다. 생물막 형성은 아주 정교한 세포 내의 신호전달과 관련된 필요 부착인자들(편모flagella, 세포막 단백질membrane protein, DNA, 엑소폴리사카라이드exopolysaccharide 등)을 만들며 표면에 부착한다. 미생물의 표면 부착은 의학에서는 병원성미생물 때문에 탈착시키려는 연구를 주도하고 있으며 환경정화나 오염 수의 정화의 분야에서는 반대로 잘 부착시켜 바이오 필터biofilter의 응용연구에 이용하고 있다. 반대로 동물세포는 세포의 기계적인 늘림과 줄임을 통하여 외부의 물질과 생물에 반응한다. 최근 병원미생물이 동물세포의 표면에 부착할 때 세포의 기계적인 늘림stretching에 미생물이 부착하는 것을 방지한다는 것이 《네이처》지에 소개되었다.[8] 세균이 동물세포에 부착할 때에는 동물세포의 세포막 표면에 특별한 부위가 필요한데 이 특별한 부위를 기계적 늘림으로 없애서 부착을 방지하는 것이다. 부착을 위한 3차원 구조가 일시적으로 없어지기 때문에 부착이 어려워지는 것이다. 이를 통하여 동물세포는 병원균에 의한 감염을 막을 수 있는 기작으로 사용하고 있다. 최근에는 컴퓨터 시뮬레이션을 이용하는 컴퓨터 기계생물학 분야를 통하여 미생물의 세포분열을 연구하는 연구실도 늘어나고 있다. 미생물은 세포 분열막인 FtsZ을 형성하여 분열하는데 세포의 모양과 분열의 속도를 컴퓨터로 시뮬레이션하고 분열막의 중합과정을 설명하는 데 기계공학적인 접근이 이루어지고 있다. 앞으로 다양한 운동성 이외의 다양한 기계공학적인 이론(열역학, 유체역학 등)이 접목된 새로운 미생물학과의 융합 분야가 생길 것으로 생각된다.

용어 설명

세포골격(cytoskeleton) 세균, 고균을 포함한 모든 생물의 세포질 안에서 필라멘트 형태로 존재하여 세포의 형태를 유지하고, 세포 내 수송과 세포분열 등의 다양한 기능을 수행하는 세포의 골격기관.

팽윤(swelling) 물질이 용매를 흡수하여 부푸는 현상.

헬리케이즈(helicases) 두 가닥 DNA 혹은 3차 구조를 가지는 RNA 등을 풀어서 직선으로 만드는 효소.

세포 분열막(FtsZ) 세균의 FtsZ는 소위 Z-고리를 형성하기 위해 세포의 중앙에 모여 세포의 이분열을 하는 필수적인 단백질.

주

1. Eidorial. Mechnobiology in harness. *Nature Materials* 13, 531 (2014)
2. Yildiz, A., Tomishige, M., Vale, R. D. & Selvin, P. R. Kinesin walks hand-over-hand. *Science* 303, 676-678 (2004)
3. Eun, Y-J., Kapoor, M., Hussain, S. & Garner, E. C. Bacterial filament systems: Toward understanding their emergent behavior and cellular functions. *J Biol Chem* 290, 17181-17189
4. Wang, W., et al. The structure of an open form of an *E. coli* mechanosensitive channel at 3.45 Å Resolution. *Science* 321, 1179-1183 (2008)
5. Marcos, Fu, H. C., Powers, T. R. & Stocker, R. Bacterial rheotaxis. Proc. *Nat'l Acad Sci U.S.A* 109, 4780-4785 (2012)
6. Kaya, T. & Koser, H. Direct upstream motility in *Escherichia coli. Biophys J* 102, 1514-1523 (2012)
7. Guo, P., Noji, H., Yengo, C. M., Zhao, Z. & Grainge, I. Biological nanomotors with a revolution, linear, or rotation motion mechanism.

Microbiol Mol Biol Rev 80, 161-186 (2016)

8. Chabria, M., Hertig, S., Smith, M. L. & Vogel, V. Stretching fibronectin disrupts binding of bacterial adesins by physically destroying an epitope. *Nature comm* 135, doi:10.1038/ncomms1135 (2010)

4장 나노소재와 미생물기술

아마 모든 융합기술 중에 나노과학과의 접목은 지난 몇 년간 우리가 흔히 들어 본 가장 익숙한 분야가 아닐까. "나노nano" 라는 용어 자체는 이미 BT-NT(biotechnology-nanotechnology) 등 오래전부터 여러 매체들에서 다양하게 다루어져 왔다. 나노는 10^{-9}m인 나노 사이즈의 물질과 분자를 연구하는 분야이다. 생명체가 가진 DNA, RNA, 단백질, 지질 등 거의 모든 생체분자가 나노 사이즈이니 분자생물학을 연구하는 것은 나노과학을 연구하는 것이나 다름이 없다. 특히 미생물학은 대부분 눈에 보이지 않은 작은 세포 또는 작은 분자를 가지고 연구하는 분야이기 때문에 세포와 분자의 크기만 보아도 이미 나노과학이다. 미생물을 이용하여 화학물질과 단백질을 생산하거나 또는 미생물로부터 유래한 단백질을 이용하여 물질을 변형시키거나 하는 모든 것들이 어찌 보면 다 나노과학이다. 하지만, 최근 미국 식품의약청FDA에서는 이러한 혼돈을 막기 위하여 자연적으로 존재하는 미생물이나 단백질 같은 나노물질을 연구하는 것을 나노공학의 범위에서 배제시켰다. 아마 나노라는 의미가 일반인들에게 친환경적이거나 자연적인 의미보다는 공학적인 의미가 더 강하게 들리기 때문일 것이다. 사실 나노는 미생물학뿐만 아니라 다른 여러 분야와 제일 밀접하게 연결되어 있다. 나노과학에서 다루는 학문 영역을 보면 나노세계의 비밀을 밝히기 위하여 생물학은 물론, 화학, 물리, 수학, 컴퓨터과학과 공학 등 거의 모든 학문이 연결되어 있다. 과거 10년 동안 마치 나노과학이 모든 것을 해결해 줄 것처럼 나노라는 용어가 모든 분야에서 많이 상용되었다. 대학에서 새로운 학과를 만들 때, 국가 과제를 신청할 때, 기업이 새로운 물건을 만들 때, 뭔가 새로운 것을 만들었을 때 등 다양하게 나노라는 용어가 사용되었고, 아직도 해야 할 연구가 많고 꾸준히 발전하고 있다.[1] 흥미롭게도 물리와 화학에서 나노가 가지는 가장 중요한 특징은 사이즈가 작아졌을 때 커다란 물질이 가지지 않는 다른 물리 화학적 특성과 효과를 나타낸다는 것이다. 예를 들면 나노소재로 만든 섬유는 강하면서도 부드러운 특성을 가진다는 점이다.

미생물은 다양한 나노 크기의 물질을 만들 수 있다. 이러한 것들 중에는 산업적으로 응용 가치가 높은 물질도 다량 존재하기 때문에 관심이 많다. 크기가 1nm에서 100nm 정도 되는 소재를 나노소재라고 하는데 이러한 미생물을 이용한 나노소재의 개발과 생산은 의학뿐만 아니라 환경 분야, 농업 분야 등 다양한 분야에 활용가치가 높다. 나노소재의 크기는 수 나노미터에서 100nm까지 다양하다. 모양 또한 다양한데 구형, 삼각형, 육각형 등과 같은 다양한 모양이 존재한다. 관건은 이들

나노소재의 사이즈와 모양을 결정하는 것인데, 아직 이에 대한 연구는 미흡한 실정이다. 어떻게 미생물이 만드는 나노소재의 사이즈를 일정하게 하고 모양을 동일하게 하는가에 대한 연구가 시급한 당면 과제인 것이다. 왜냐하면 나노소재의 사이즈와 모양은 예상대로 재료의 특성에 영향을 미친다. 동일한 사이즈와 모양이어야 기대한 효과를 항상 동일하게 얻을 수 있기 때문이다. 나노소재의 단분산성monodispersity은 매우 중요한 특징이다. 다른 미생물들은 같은 재료 물질을 가지고 다른 형태와 크기의 나노소재를 만든다. 또한 미생물의 배양 조건과 배양액도 다른 크기와 형태의 나노소재를 만드는 데 중요하다.

미생물이 생산하는 나노소재에는 유기물, 금속과 무기물로 이루어진 나노소재로 나뉜다. 이들은 미생물 세포의 안 또는 밖에 축적된다. 특히 금속과 무기물 등에 의한 생물학적 나노소재의 형성을 생광물화biomineralization라고 부르며, 미생물을 포함한 많은 생물들이 수행할 수 있다. 주로 안정적이고 잘 조직된 탄산염carbonate, 인산칼슘calcium phosphate, 규산염silicate과 철산화물iron oxide minerals을 만든다.[2] 금나노소재gold nanoparticles는 화학에 이미 로마시대에서부터 알려졌는데 예전에 다양한 질병 치료에 쓰여지곤 했다. 금나노소재는 환경친화적으로 주로 곰팡이와 방선균이 만들며, 모양은 미생물마다 다양하다. 은나노소재, 우라늄, 코발트 등 중금속이 수소이온을 전자공여체로 이용하는 미생물에 의해 환원되면서 만들어지는데 주로 황환원세균SRB: sulfate-reducing bacterium과 철환원세균iron-reducing bacterium이 만든다. 은나노소재silver nanomaterials는 한때 은나노 세탁기 하며 TV

속 광고에 많이 등장했기 때문에 익숙할 것으로 생각된다. 화학적으로도 이러한 나노소재를 만들 수 있지만, 미생물을 이용하면 친환경적으로 쉽게 제조할 수 있다. 미생물의 나노소재 합성에는 다양한 세포인자와 pH, 온도, 산소 등 다양한 환경적인 요인이 관여한다.[2] 최근에는 나노소재의 합성과 안정화 등에 미생물과 천연재료(식물잎의 추출액, 곰팡이 배양 상등액 등)를 사용하여 자연친화적인 나노소재 결과물뿐만 아니라 합성과정도 좀더 친환경적으로 하려고 노력하고 있다.[3] 미생물들은 또한 철, 티타늄 등 다른 금속을 환원시켜 세포의 안 또는 밖에 환원된 나노소재를 축적한다. 이렇게 하면서 미생물들은 에너지를 생산하며 살아갈 수 있다. 일부 미생물들은 나노소재를 이용하여 독성물질을 분해할 수 있다. 활성산소와 만난 나노소재가 복잡한 구조의 오염물질을 파괴할 수 있는 것이다. 은나노소재 등과 같은 물질은 물질 자체는 독성이 없다고 알려져 있다. 이러한 나노소재가 산화되었을 때 독성을 가지게 된다. 미생물이 생산하는 은나노물질은 이러한 항균작용으로 다양한 분야와 접목되고 있다. 특히 최근에는 치과 등에서 치주염을 방지하는 치약 등에 항균물질로 사용하려고 하고 있다. 은나노물질은 미생물이 만드는 생물막biofilm을 낮은 농도(0.5-1%)에서도 효과적으로 침투하여 세균을 사멸하거나 생장을 저해할 수 있다.[4] 치주염을 일으키는 대표적인 병원균인 *Streptococcus mutans*에 대한 실험 결과 모든 나노물질 중 은나노물질이 가장 탁월한 항균효과를 보이는 것으로 알려졌다.[4] 은나노물질의 항균효과는 세포 내에서 탄수화물carbohydrate과 연결된 단백질proteoglycan과 세포막에 결합하기도 하고, 또한 sulfuryl 기(-SO_3H)가 포함된 단백질에 결합하여 단백질의 기능을 저해한다. 또한 은나노물질은 세포 내에서 활성산소reactive oxygen species를 만들어 내어 세포 내의 단백질, 지질, DNA등을 손상시킨다.[4] 그러므로 적당한 농도와 어떤 종류의 미생물이 생산하는 나노소재는 물을 깨끗하게 하거나 병원균을 살균하는 데 응용이 가능하다. 또한 이러한 나노소재를 금속 등의 표면에 코딩 해 놓으면 미생물에 의한 부식corrosion과 생물막 등을 막을 수 있다. 생물막은 미생물이 높은 농도로 아무 표면에서 군집을 이루어 자라는 것을 나타내는 생물학적 용어이다. 일부 미생물에 의해 황의 환원이 일어나고 이로 인해 혐기적인anaerobic(산소가 없는 조건) 조건에서도 부식이 일어날 수 있다. 부식은 산소가 있을 때 금속의 표면이 산화되어 울퉁불퉁해지는 것으로 일반적으로 녹슨다는 표현으로 일컬어지는 화학작용이지만, 산소가 없는 조건에서도 혐기미생물에 의해 부식이 일어날 수 있다. 특히 황이 많이 존재하는 상태에서 이러한 혐기적 부식이 일어나는데, 황이 많은 바닷물과 금속이 만나는 환경에서 잘 일어난다. 해양에서 운행하는 배가 부식되는 이유 중 하나이기도 하다. 이야기가 조금 벗어났지만 아무튼 먹는 물 또는 처리된 생활하수의 미생물의 존재는 우리 인간의 질병을 유발할 수도 있을 뿐만 아니라 산업적으로도 효율을 크게 떨어뜨리고 처리비용을 늘려 경제적으로도 인간생활에 위협이 될 수도 있다. 나노소재를 이용하여 이러한 문제를 해결할 수 있을지 모른다.

나노물질에 의해 세포막의 변형이 생기면 세균뿐만 아니라 인간세포 안에 DNA나 혹은 다른 물질을 넣는 게 가능하다. 분자생물학적 기초연구나 유전자 변형생물 등을 만들기 위한 DNA삽입은 필수인데, 현재 세균의 경우에는 DNA삽입을 위해서는 전기충격방법이나 열충격방법으로 수행하고 있다. 나노소재를 이용하면 현재 플라스미드plasmid와 같은 거대 DNA도 쉽게 세포 내로 삽입할 수 있다고 한다. 하지만 환경으로 유입된 나노물질에 의해 플라스미드의 세균 간 전이가 인간을 위협할 것이라는 보고도 있어, 나노물질의 사용에 각별한 주의가 필요하다.[5] 또 다른 연구결과에서는 이러한 나노소재가 환경에 노출되면 다른 미생물에게는 독성물질로 작용될 수 있다고 많은 보고가 있는데 이러한 나노소재의 독성작용에 의하여 환경의 미생물군집이 영향을 받고 따라서 생태계의 기능도 변화될 수 있다고 한다. 폐수처리에서 매우 중요한 정화과정에서 나노소재에 의한 질산화nitrifying미생물(암모니아를 산화하는 미생물 군으로 질소순환과정에 매주 중요한 과정이다)에게 독성으로 작용한다는 것이 보고된 바 있다.[6] 또한 나노소재의 환경에서의 이러한 부정적인 효과는 아마도 또한 작물의 생장과 생산량에 크게 영향을 미칠 수도 있기 때문에 앞으로 환경영향에 대한 평가가 면밀하게 이루어져야 할 것이다.

나노소재를 이용하여 암치료, 줄기세포 구분과 조작 또는 약물전달, 유전자치료, DNA합성, 자기공명영상magnetic resonance imaging, MRI 등의 응용연구개발에 적용할 수 있다. 나노소재의 약물전달은 정확한 시간에 정확한 양을 목표지점에 전달하고자 하는 것인데, 작은 사이즈 덕분에 다양한 부분에까지 도달할 수 있다. 또한 나노소재 위에 목표지점 특이적 물질을 달아 목표지점에서만 반응하거나 나노소재 안에 포함된 물질을 방출하게 할 수 있는 것이다.[7] 미생물을 포함한 생물에서 유래된 DNA 자체는 나노 과학자들이 최근 상당히 관심을 갖는 물질이다. DNA는 생광물화와 같은 나노소재 합성을 위한 기반이 될 수도 있으며, 유연하지만 염기서열의 특이적인 구조 때문에 다양한 모양으로 만들 수 있어, 단백질을 고정시키거나 기존 물질과 혼합하여 특이한 성질을 나타내는 재료를 만들 수 있다.[8] OLEDs[Organic light emitting diodes]와 결합하여 빛 투과성을 변형시키는 응용연구와 폴리머와 결합하여 얇은 필름을 개발하는 연구도 현재 진행 중이다. 이러한 DNA결합 필름으로 메모리 장치도 개발할 수 있다고 한다.[9] DNA결합물질로 약물전달 등에도 응용할 수 있다. 유전정보를 가진 DNA 자체가 이제는 물질의 소재로 사용될 수 있는 것이다.

일부 미생물들은 자석과 같은 나노소재를 세포 안에 생산하는데 결과산물로 마그네타이트[magnetite, Fe3O4] 또는 마그네헤마이트[magnehemite, Fe2O3]를 형성한다.[10] 미생물이 만드는 철을 포함하는 광물인 마그네타이트와 마그네헤마이트는 생물학적으로 사용 가능한데 위에 언급한 DNA를 전달하는 유전자치료, 자기장의 변화를 통한 열 상승으로 암치료에 이용하려고 한다. 이들은 세포가 지구자기장에 의해 영향을 받는 수중환경 내에서 산소 분압을 통해 이동하는 데 사용될 것으로 추측된다. 이러한 마그네타이트는 방향 감각을 가지기 위하여 일부 동물에서 이용되는 소재이다. 돌고래의 머리 부분이나 철새의 머리 부분에 이와 같은 자기장을 인식하는 소재들이 있고 이들이 남과 북의 방향을 인지하는 데 도움을 준다는 연구결과가 있다. 어떻게 소재가 뇌의 신경과 연결되어 방향을 결정하는지 신기할 따름이다.

현재 각광을 받고 있는 또 다른 분야는 오히려 나노기술을 이용하여 병원균을 검출하는 방법에 대한 연구이다. 신속하고 민감한 병원균 검출은 의학 또는 식품과학의 분야에서 매우 중요한 분야이다. 나노입자를 이용하여 작은 양의 병원균의 존재에도 민감하게 반응하는 센서를 만드는 분야, 또는 미생물이 만들어 내는 독소나 화학물질은 검출하는 분야 등이 현재 활발하게 연구되고 있다. 이러한 분야는 다음 장에서 이야기할 바이오센서 분야와 연관이 있다. 특히 음식물에서 병원균을 빠르고 민감성이 높게 검출하는 것이 중요하다. 마그네틱 나노소재를 사용하여 시료에서 간단하게 병원균을 잡아내어 병원균의 유무를 알아내는 방법이다. 최근 재난방어연구 또는 국가생물제어연구 등 다양한 형태로 국가의 재난을 초래하는 병원균을 검출하고 치료하는 연구가 각광을 받고 있다. 에볼라바이러스, 구제역, 조류독감 등 다양한 형태의 미생물 병원체들이 국가의 생존을 위협하고 있어 이러한 것들에 대한 조기발견과 치료제 개발이 매우 중요한 연구테마로 떠오르고 있는데 많은 학교와 연구기관에서 아예 이러한 것들만 중점적으로 연구하겠다고 선언하고 현재 진행 중이다.

미생물이 만드는 나노소재는 또한 다양한 폴리머polymer들이 존재한다. 예전부터 연구되던 것이 썩는 플라스틱이다. 미생물은 주변 환경의 영양분의 양이 고르지 않으면 탄소원을 저장한다. 최근에는 에너지 저장으로서의 역할뿐만 아니라 다른 스트레스방어 기능도 있다는 발표도 있었지만 어찌되었든 에너지 저장을 하기 위해 탄소로 된 폴리머를 세포 내에 축적하는 것은 틀림없어 보인다. 바이오플라스틱bioplastic 중 많이 알려진 것이 PHApolyhydroxyalkanoate이고, 다양한 형태의 바이오플라스틱이 존재한다. 주로 질소가 부족하고 탄소가 넘쳐 나면 바이오플라스틱 형태의 폴리머를 축적하는데 이것을 추출하여 가공하면 우리가 흔히 듣던 썩는 플라스틱이 된다. 아직 생산비용이 높아 활발하게 사용되고 있지 않지만 일회용 접시, 포크, 또는 자동차 내장재, 핸드폰케이스 등 다양한 곳에 활용되고 있으며 환경친화적이라는 이미지를 앞세워 마케팅되고 있기도 한데, 향후 더욱 각광받을 것으로 기대된다. 사실 앞서 언급한 PHA를 이용하여 만든 것보다는 젖산lactic acid를 중합하여 만든 PLApolylactic acid가 플라스틱 시장에 주를 이룬다. PLA는 발효과정에서 생산된 젖산을 중합하면 되지만 PHA는 세포 내에 축적된 것을 뽑아내야 하는 번거로움이 있다. 추출할 때 또한 많은 용매를 사용하기 때문에 환경친화적이지도 않다. 환경친화용품을 만들기 위하여 환경친화적이지 않은 방법으로 만들면 무슨 소용이 있겠는가. 우리 주변에 이러한 예들이 또 존재한다. 바이오 에탄올bioethanol 등 바이오에너지bioenergy를 생산하기 위해 식량을 사용하는 것도 모자라 생산량을 대폭 늘리기 위해 많은 비료와 농약을 사용한다면 또 무슨 소용이 있겠는가? 아무튼 원료 생산에서 가공 후 제품까지 모든 면에서 환경친화도를 면밀히 살펴봐야 할 것이다. 현재 미생물을 이용한 나노소재 생산의 단점은 시간이 오래 걸린다는 점이다. 또한 모든 나노소재를 내부축적이 아닌 외부합성으로 만들어야 산업적으로 유용하다. 현재의 합성은 연구실 수준에서만 진행되어 왔다. 미생물을 이용한 나노소재의 합성은 앞으로 더 많은 노력이 필요하다고 할 수 있다.

용어 설명

단분산성(monodispersity) 입자의 크기가 같은 상태로 물질의 집단이 가지는 특성이 동일.

생광물화(biomineralization) 생물이 세포 안이나 밖에 무기물을 이용하여 광물을 만드는 현상.

황환원세균(SRB: sulfate-reducing bacterium) 혐기성 환경에서 유기산, 지방산, 알코올 등 산화하면서 최종 전자 수용체로 황산염을 사용하는 세균.

생물막(biofilm) 미생물이 동물, 식물의 세포 또는 무생물의 표면에 달라 붙어 자라는 군집형태의 생장을 일컫는 용어.

활성산소(reactive oxygen species) 산소를 이용하는 호흡과정에서 세포 내로 들어간 산소가 산화과정에 이용되면서 생산되는 슈퍼옥사이드, 과산화수소, 산소래디칼 등으로 단백질, 지질, DNA 등과 같은 세포의 거대분자를 손상시키는 반응성이 좋은 산소호흡의 부산물.

플라스미드(plasmid) 세균이 가진 염색체 이외의 부수적인 환형의 DNA로, 살아가는 데 필수적인 유전자 이외의 오염물질 분해, 항생제저항성, 질소고정효소 등 세균에 다양한 기능을 부여하는 단백질을 만드는 유전자를 포함.

주

1. Koopmans, R. J. & Aggeli, A. Nanobiotechnology-quo vadis? *Curr Opin Microbiol* 13, 327-334 (2010)
2. Zeth, K., Hoiczyk, E. & Okuda, M. Ferroxidase-mediated iron oxide biomineralization; novel pathways to multifunctional nanoparticles. *Trends in biochem Sci* 41, 190-203 (2016)
3. Kharissova, O. V., Rasika Dias, H. V., Kharisov, B. I, Olvera Perez, B. & Jimenez Perez, V. M. The greener synthesis of nanoparticles. *Trends Biotech* 4, 240-248 (2013)
4. Padovani, G. C., et al. Advances in dental materials through nanotechnology: Facts, perspectives and toxicological aspects. *Trends Biotech* 33, 621-636 (2015)
5. Qui, Z., et al. Effects of nano-TiO_2 on antibiotic resistance mediated by RP4 plasmid. *Nanotoxicology* 9, 895-904 (2015)
6. Ma, Y., et al. 2015. Microbial community response of nitrifying sequencing batch reactors to silver, zero-valent iron, titanium dioxide and cerium dioxide nanoparticles. *Water Res* 68, 87-97
7. Zhang, L., Pornpattananangku, D., Hu, D. M. & Huang, C. M. Development of nanoparticles for antimicrobial drug delivery. *Curr Med Chem* 17, 585-594 (2010)
8. Jones, M. R., Seeman, N. C. & Mirkin, C. A. Programmable materials and the nature of the DNA bond. *Science* 347,1260901 (2015)
9. Hung, Y-C., Bauer, D. M., Ahmed, I. & Fruk, L. DNA from natural sources in design of functional devices. *Methods* 67, 105-115 (2014)
10. Lefevre, C. T. & Bazylinski, D. A. Ecology, diversity, and evolution of magnetotatic bacteria. *Microbiol Mol Biol Rev* 77, 497-526 (2013)

5장 전자공학과 미생물

전자공학은 전자의 흐름으로 만들어진 전기에너지를 이용하여 우리 생활에 이로운 제품이나 기술을 만들어 내는 학문 분야로, 전자물리, 반도체, 전자회로, 통신, 레이저 및 광학 분야 등을 공부한다. 현재 우리가 접하고 있는 통신, 컴퓨터, 반도체 등 고부가가치 산업의 근간이 되는 학문인 것이다. 어떻게 전자공학 또는 전자의 흐름과 미생물학이 연관이 있을까? 일반적으로 생각하면 관련이 없어 보인다. 하지만, 생물학에서 전자의 흐름은 매우 중요하다. 우리가 음식을 섭취하여 에너지를 발생하는 기작도, 미생물이 자신이 좋아하는 먹이를 먹고 생장하는 방법도 모두 전자의 흐름과 관련이 있다. 생물은 전자의 흐름으로 에너지를 생산하니 전자의 흐름과 생물학은 절대적으로 연관이 있다. 전자공학과 미생물의 연관성에서 미생물학자로서 제일 먼저 떠오르는 것은 아마 미생물 나노와이어nanowire일 것이다. 필자는 10년 전에 미국미생물학회에서 미생물이 만들어 낸 외부 구조물(세균이 가진 필리pili라는 구조물)을 통해 전자가 흐를 수 있다는 발표를 들었는데, 이러한 내용의 발표는 학회를 깜짝 놀라게 했다. 보통 에너지를 만들 때 만들어지는 전자는 인간과 같은 호기적 생물에서는 산소로 이동한다. 미생물도 마찬가지이다. 혐기적 미생물은 다른 전자수용체로 전자가 흘러들어 가지만 산소를 이용하여 호흡하는 호기적 미생물은 산소로 전자가 이동하여 에너지를 발생시킨다. 전자 흐름이 생물 안에서 에너지를 만들 때 산소로 가는 것은 쉽게 생각할 수 있지만, 만들어진 전자가 생물체의 밖으로 나간다는 것은 새로운 발견이었다. 발표에서 다루어진 미생물은 혐기적 호흡을 하는 세균으로 음식물을 분해한 뒤 만들어진 전자는 필리를 통해 세포 외부로 나가 산화된 철에 결국 전달되게 된다는 내용이다. 이후 이 내용은《네이처》지에 소개되었다.[1] 이 나노와이어는 이후에 작은 나노 사이즈의 기계 및 전자장치 개발 시에 나노 사이즈의 전선을 만들 수 있는 소재가 될 수 있을 것이라는 기대 속에 후속연구가 계속해서《네이처》에 소개되었고, 다른 미생물에서도 흔하게 일어날 수 있다고 보고되었다.

이러한 전자의 흐름과 생물학에 대한 내용은 현재는 전자미생물학electromicrobiology이라는 분야로 세계 각국에서 활발하게 연구되고 있다. 특히, 바이오에너지bioenergy가 각광을 받고 있는 요즘, 전자의 흐름을 조절하여 미생물을 이용한 전기에너지의 생산은 매우 흥미롭고 발전 가능성이 높은 분야임에 틀림이 없다. 미생물이 외부로 전자를 내는 것이 이미 예전부터 이후에 설명할 미생물연료전지MFC, microbial fuel cell 분야에서 알려졌고 미생물을 이용한 전자이동과 에너지 생산은 아직도 매력있는 연구 분야이다. 미생물은 주로 유기물을 흡수하여 전자를 얻고 이를 세포막에 존재하는 다양한 단백질을 통해 이동시킨 후 최종적으로 산소에 전달하여 에너지를 발생하게 된다. 이러한 일련의 세포막 단백질들을 전자전달회로 단백질이라 부르는데 전자가 전위차를 가지며 이동할 때마다 수소이온이 세포막을 통과하게 되고 주변세포질periplasmic space 수소이온의 농도가 높아지면 에너지를 직접 만드는 단백질인 ATP합성 단백질이 ATP를 만들게 된다. 하지만 산소가 없는 조건에서는 이야기가 다르다. 산소 대신에 다른 물질에게 전자를 최종적으로 전달하게 된다. 산소가 없는 조건에서 다른 물질에게 전달할 때 위에서 소개한 미생물 나노와이어가 사용될 수 있는 것이다. 흥미로운 사실은 2005년 당시 연구된 세균은 철이온에 전자를 전달하게 되는데 미생물의 세포 몸에서 철 이온이 존재하는 방향으로만 나노와이어가 생성되었다는 점이다. 아마 정교한 조절작용으로 한쪽 방향에서만 만들어졌을 것이라고 생각된다. 철 이온은 보통 대기 중에서 산화된 상태로 존재하여 물에 녹지 않는 상태로 존재하게 된다. 이러한 산화된 철에 전자를 주면 물에 녹는 상태가 된다. 산화 철은 전자를 잘 받기 때문에 이러한 일들이 가능한 것이다.

이러한 비슷한 원리로 전기를 생산하려는 시도가 바로 미생물 연료전지의 시작이다. 미생물 연료전지는 미생물이 유기물을 섭취할 때 나온 전자를 받아들이는 판으로 이동한 후 우리가 알고 있는 일반 전기선으로 연결하여 전자를 계속 흐르게 하고 이러한 전자를 다른 곳에서 받아 주면서 계속해서 전자를 이동시켜 전기 에너지를 생산하는 것이다. 이때에도 전자를 받는 것으로 대부분 사용되는 것이 산화된 금속이다. 위의 나노와이어 이외에 다른 산화환원을 하는 중간 물질을 통해 전자를 전달한다. 이들을 전달자mediator라고 한다. 최근 연구에서는 세포 외막에 존재하는 시토크롬cytochrome이 세포 안에서의 마지막 전자전달이라고 생각되지만 이들이 없이도 전자전달이 일어나는 것으로 보아 좀더 복잡한 경로로 전달되는 것으로도 여겨지고 있다. 미생물 연료전지에 대한 논문과 관련 특허는 매년 계속해서 늘고 있다. 2017년 현재 4천 편이 넘는 국제논문이 PUBMED에서 검색된다. 가장 많이 연구되고 있는 세균이 호수나 강 바닥의 진흙 등에서 흔히 발견되는 *Geobacter*와 *Shewanella* 균이다. 위에서 설명한 나노와이어도 *Geobacter*세균의 연구결과이다. 이때 일반적인 유기물 대신에 폐수 속에 있는 유기물이나 오염물질을 소비하는 미생물을 이용하면 일석이조의 효과를 얻을 수 있다. 폐수와 오염도 처리하고 전기 에너지도 생산하고 하는 두 가지 일을 한 번에 할 수 있는 것이다.[2] 현재 미국에서 유기물이 포함된 일반 폐수처리에 15GWgigawatt의 에너지가 소비되고 있는데, 이것은 미국에서 생산되는 전체 에너지의 3 % 정도가량이라고 한다. 미국의 산업과 농업폐수를 포함하는 각종 폐수 안의 유기물량을 고려하면 17GW의 가능한 에너지를 생산할 수 있어, 이들 폐수처리 과정에서 발생하는 슬러지sludge에서 에너지를 얻을 수만 있다면 폐수처리를 위하여 굳이 다른 에너지를 사용할 필요가 없게 되는 것이다.[1] 미생물 연료전지를 이용하면 폐수처리 이외에 유용물질생산과 같은 생물공학 영역에도 활용할 수 있다. 미생물 연료전지의 전자를 흐르게 하는 판에 미생물이 부착하여 유기물을 섭취하는데 이때 형성되는 부착미생물은 앞에서 설명한 생물막이기 때문에 이와 관련 연구도 활발히 진행되고 있다. 생물막이 많이 형성되어 있어야 전기 발생량이 많기 때문에 부착판의 표면적을 늘리는 연구와 부착된 미생물이 너무 많이 생장하여 세균 자체의 양이 많아지지만 물리적으로 부착판에서 떨어질 수 있기 때문에 세포분열을 하여 생장을 위한 대사는 최소한으로 줄이고 호흡만을 하도록 하여 생존만 유지시키는 방법을 강구하는 등 다양한 연구가 시도 중이다. 하지만, 아직까지 발생되는 전기량이 작고 사용하는 미생물을 종류와 기간에 따른 전기발생의 차이, 대용량으로 했을 때의 효율성 등 다양한 문제점을 안고 있기 때문에 단기간에 상용화하기는 어려울 것으로 보인다.

전자의 흐름이 또한 많이 언급되는 분야 중 한 분야가 미생물을 이용한 바이오센서biosensor 분야이다.[3] 바이오센서는 생물 자체나 생물이 가진 생체분자를 이용하여 물질의 상태와 농도를 측정하는 분야로 오염 유기물질이나 중금속 또는 병원균 등 다양한 목표물질을 생물을 이용하여 쉽게 검출하고자 하는 것으로 다양한 형태의 바이오센서가 존재한다. 미생물의 경우 세균 세포 자체를 사용하거나 세균이 만들어 내는 단백질과 DNA를 이용하기도 한다. 바이오센서의 가장 큰 장점은 생물요소의 반응에 의한 것으로, 유기용매 등을 이용하여 타깃물질을 추출하거나 하는 과정이 없이, 아주 특이적이며 민감하고, 소형화로 제작비용이 저렴하며, 샘플을 아주 적은 양을 사용하기 때문에 편리하다.[3] 또한 바이오센서를 이용하면 세포 내에서의 대사물질도 실시간으로 추적할 수 있다.[4] 바이오센서의 구성성분 중 제일 중요한 구성요소가 생물학적

반응을 전기신호로 전환하여 주는 트랜스듀서transducer이다. 트랜스듀서 이외에도 처음 설명한 생물학적 탐지요소와 전기신호를 증폭하는 요소와 이를 나타내는 기계장치가 필요하다. 우리가 흔히 알고 있는 포도당 센서도 비슷한 원리이다. 이때에는 미생물 자체가 아닌 포도당을 산화하는 효소가 상용되었고 이 효소를 막에 고정하여 포도당 존재 시에 산화과정을 통한 산성도 변화를 트랜스듀서로 전자신호로 바꾸어 주는 것이다. 미생물과 효소 이외에 DNA나 항체 등을 막에 고정하여 사용하기도 한다. 아무튼 미생물을 이용한 바이오센서도 원리는 포도당 센서와 비슷하다. 이러한 산화과정을 통한 산성도 변화, 산화환원을 통한 전자전달, 또는 결합에 의한 빛의 굴절각도 변화 등 다양한 원리를 이용하여 측정값을 전자신호로 바꾸어 주게 된다. 미생물의 수와 종류가 많고, 미생물 유래 효소는 아마도 세상에서 제일 다양할 것으로 예측되기 때문에 앞으로 더욱더 다양한 효소를 기반으로 한 바이오센서가 개발될 것이다. 이러한 트랜스듀서의 개발과 적은 양의 시료를 가지고 연구할 수 있도록 하는 일들이 공학자들이 주로 연구 개발하는 분야이다. 미생물학자들이 바이오센서를 제작하기 위한 좋은 미생물과 효소를 찾고 분리하고 산화환원을 연구하는 일들을 수행하여 두 분야가 융합하여 나온 산물이 바이오센서라고 할 수 있다. 최근 생물전자공학bioelectronics이라고 하여 이러한 분야들이 새로운 연구 영역으로 자리잡고 있다. 앞 장에서 언급한 병원미생물검출, 오염물질 측정 등 재난과 관련하여 병원균과 오염물질의 신속한 검출이 대두되고 있는 시점에서 정밀하고 경제적인 바이오센서의 개발은 앞으로도 무궁무진한 잠재력을 가지고 있는 중요한 연구 분야라고 할 수 있다.

바이오센서라는 용어와 함께 미생물을 이용한 바이오리포터bioreporter라는 기술도 함께 발전 중이다. 바이오센서와는 다르게 전자의 흐름 등을 전달하는 트랜스듀서와 같은 구성성분은 없다. 하지만, 미생물이 환경의 특정물질 또는 스트레스에 반응하는 전사조절transcriptional regulation의 특징과 세균 자체whole cell를 이용하는 센서이다. 미생물은 전사transcription를 위해서는 대부분 전사조절인자transcriptional factor가 존재하고 이들은 특정 물질 또는 스트레스를 인지하여 RNA중합효소와 함께 전사를 시작한다. 전사되는 유전자를 제거하고 여기에 GFPgreen fluorescent protein와 같은 형광단백질을 만들게 하여, 후에 만들어진 형광단백질의 양을 정량하여 특정 물질의 농도나 스트레스의 정도를 알게 되는 것이다.

〈그림 1〉에서 보는 것처럼 고려대 분자환경미생물연구실에서 나노 몰mole 수준의 적은 양의 테트라사이클린tetracycline과 독시사이클린doxycycline을 감지하는 항생제 탐지 바이오리포터 균주를 개발하였다.[5] 환경에서의 항생제 검출은 보통 화학적 분석을 하고, 이를 위해서는 용매를 이용하여 추출하고, 분석기계를 사용하는 등 매우 어렵다. 또 분석을 위해서는 어느 정도의 적정 농도가 존재해야만 한다. 하지만 바이오리포터를 사용할 경우 아주 적은 양의 농도라도 쉽게 미생물을 이용하여 탐지할 수 있는 것이다. 또한 환경에서 다른 유기물질이나 유기용매와 같은 독성물질이 함께 있는 경우에도 이러한 조건에 잘 견디는 균주를 사용하여 스트레스에도 잘 견디며 원

하는 타깃물질을 검출할 수 있다(그림 2).

일반 학생들이 전혀 생각하지 않았을 또 한 융합 분야가 전자공학, 컴퓨터공학을 이용한 미생물학을 위한 소프트웨어 개발 분야이다. 필자의 친척은 전자공학으로 학부와 석사를 취득한 뒤 미국에서 라이프테크놀로지Life Technology라는 생명공학회사에 연구원으로 근무 중이다. 글로벌 회사인 라이프테크놀로지는 여러 바이오 회사를 합병하여 현재 거대 기업으로 다양한 생명공학사업을 진행하고 있는데 친척의 주 업무 그곳에서 생물학에 쓰이는 소프트웨어를 개발하는 것이다. 예를 들면 요즘 대부분의 생물학에서 사용되는 기계는 컴퓨터와 연결되어 있다. 이러한 기계를 구동하기 위해서는 소프트웨어가 필요하고 생물학에 사용되는 컴퓨터 프로그램은 수백만 원에서 수천만 원 정도 하며 생물학도가 사용하는 모든 컴퓨터에 필요하므로 그 시장성이 매우 크다고 할 수 있다. 프로그램 개발을 위해서는 생물학 전문가와 컴퓨터, 전자공학 전문가 등이 모여 시너지를 이룰 때 비로소 가능하게 되는데 라이프테크놀로지 사 역시 회사 내에 생물학 석·박사, 전자공학, 컴퓨터공학 석·박사 등을 고용하고 있다. 절대적으로 생물 시스템을 알아야 프로그램을 개발할 수 있다. 그래서 요즘 생물학을 따로 공부한다고 한다. 현미경 관련 기계, 물질분석, 단백질 정제, DNA 측정 등 엄청나게 많은 기기들이 미생물학에서도 사용되고 있다. 예전에 미생물 수를 셀 때 눈과 마커로 세던 것을 최근 필자의 연구실에 콜로니카운터colony counter라는 기기를 구입해서 사용 중이다. 자동으로 한천배지agar plate 위의 미생물 수를 세고 분석해 주고 색을 구별해 주는 등 다양

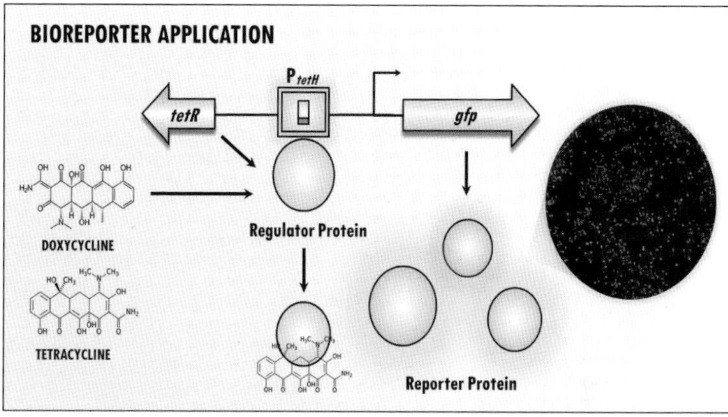

그림 1 형광단백질발현을 이용한 세균 바이오리포터. 테트라사이클린과 독시사이클린 항생제를 감지하는 TetR 전자인자를 이용하여 이들 항생제 존재 시에 형광단백질이 발현된다.

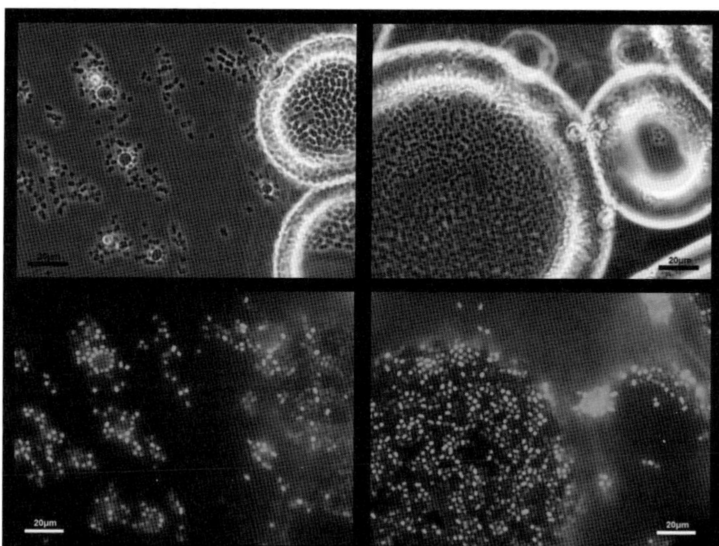

그림 2 유기용매인 톨루엔(toluene)에 녹아 있는 항생제를 검출하는 *Acinetobacter* 균주 유래 바이오리포터. 위의 그림은 위상차현미경 사진, 아래 그림은 형광현미경사진으로 발현된 GFP를 볼 수 있다.

한 기능을 가지고 있는데 모두 소프트웨어를 사용하여야만 한다. 생물학의 소프트웨어 개발에 전자공학자들이 앞으로 계속 기여할 것임에 틀림이 없다.

용어 설명

필리(pili) 세균이 가진 얇고 긴 다발 모양의 구조물로 유전자전이 또는 부착에 이용되는 외부 조직. 한 미생물 세포가 하나 또는 여러 개의 필리를 가짐.

바이오에너지(bioenergy) 바이오매스 또는 생물을 이용하여 얻어지는 메탄, 에탄올, 수소 등의 에너지.

시토크롬(cytochrome) 생물의 전자전달계에서 산화환원반응으로 전자를 전달하여 ATP합성에 중요한, 철을 포함하는 힘(heme)단백질의 일종.

전사(transcription) 생물이 RNA중합효소를 이용하여 DNA로부터 mRNA를 만드는 과정.

전사조절인자(transcriptional factor) 특정 물질 또는 스트레스 등을 인지하여, 전사를 위하여 RNA 중합효소와 반응하고 전사를 더 잘 일어나게 하거나, 평소 전사를 억제하고 있다가 특정 물질 또는 스트레스를 인지 후 DNA에 떨어져 전사를 일어나게 하는 단백질.

주

1. Reguera, G. et al., Extracellular electron transfer via microbial nanowires. *Nature* 435, 1098-1101 (2005)
2. Logan, B. E., & Rabaey, K. Coversion of wastes into bioeletricity and chemicals by using microbial electrochemical technologies. *Science* 337, 686-690 (2012)
3. Derkus, B. A. Applying the miniaturization technologies for biosensor design. *Biosens Bioelectron* 79, 901-193 (2015)
4. Zhang, C., Wei, Z-H, & Ye, B-C. Imaging and tracing of intracellular metabolites utilizing genetically encoded fluorescent biosensors. *Biotechnol J* 8, 1280-1291 (2013)
5. Hong, H., & Park, W. TetR repressor-based bioreporters for the detection of doxycycline using *Escherichia coli* and *Acinetobacter oleivorans*. *Appl Microbiol Biotechnol* 98, 5039-5050 (2014)

6장 지구과학, 기화변화와 미생물학

지구과학은 지질학, 지구화학, 지구물리, 기상학, 천문학 등을 배우는 학문 분야이다. 1장에서 설명한 것처럼 모든 생물 중에 미생물이 지구에서 수나 양적으로 가장 많이 존재한다. 이들의 대사활동이 지구 전반적인 작용에 미치는 영향이 클 수 밖에 없다. 따라서 이들의 작용과 지구과학은 아주 밀접한 관련이 있다. 최근에 지구과학 분야에서 미생물학과의 접목은 떼려야 뗄 수 없는 매우 중요한 융합 분야이다. 전통적으로 지구과학과 미생물학의 융합학문이 지구미생물학geomicrobiology 분야이다. 이러한 이유로 많은 외국과 국내 대학의 지구과학과에 미생물학을 연구하는 교수들이 근무 중이다. 흔히 미생물이 없으면 지구는 멸망한다고 쉽게 이야기한다. 일단 필자가 방학 중에 가르쳐 본 초등학생들에게 미생물이 뭐냐고 질문을 하면 제일 먼저 나오는 대답이 미생물은 지구의 쓰레기 분해자이기 때문에 미생물이 없으면 쓰레기가 썩지 않고 쌓일 것이라고 대답한다. 맞는 말이다. 물질 분해자로서 지구에서 미생물은 중요하다. 과학적으로 분해란 물질의 순환element cycle이다. 이러한 물질은 분해가 되어 지구상에서 아주 없어지는 것이 아니라 순환하는 것이다. 미생물, 특히 세균은 지구의 탄소, 질소, 황, 인, 철 등 모든 원소들의 생지구화학적biogeochemical 순환에 관여한다. 예를 들면 우리가 숨을 쉴 때 산소(O_2)를 마시고 이산화탄소(CO_2)를 내는 것처럼, 토양이나 수중의 유기물이 미생물에 의해 분해되면서 이산화탄소가 나온다. 엄밀히 말하면 이러한 미생물에 의한 이산화탄소의 발생도 호흡respiration이라고 부른다. 미생물의 호흡인 것이다. 미생물의 호흡은 우리 인간과 같이 산소를 이용하는 호흡, 즉 호기적 호흡이 있고, 또한 산소를 이용하지 않고 다른 물질을 이용하는 혐기적 호흡anaerobic respiration이 있다. 세균 이외에도 환경에는 고균archaea도 많이 분포한다. 특히 깊은 바다의 퇴적층에 혐기적 조건에 많이 분포한다. 퇴적층은 유기물이 많아 바다에 존재하는 미생물의 절반 이상이 존재한다. 이곳에서 고균의 물질 순환에 관한 연구는 메탄형성methanogenesis 이외에 그다지 알려진 바가 없었다. 많은 환경에서의 고균이 배양되지 않기 때문에 그들이 환경에서의 무엇을 하는지 아직까지 그 역할을 잘 알지 못한다. 최근 연구에서 퇴적층의 고균이 많은 단백질 분해효소를 만들 수 있으며 활발하게 단백질을 분해하여 퇴적층에서의 유기물 분해, 즉 탄소순환에 세균과 함께 중요한 물질 순환자라고《네이처》에 보고되었고 메탄 형성 이외의 생태계 기능을 위한 다양한 대사활동을 할 것으로 생각되고 있다.[1]

이산화탄소는 과학자가 아닌 일반인들도 모두 인지하는 것처럼 지구 온난화 가스global warming gas이다. 이산화탄소의 양이 증가하면 지구의 온도가 올라간다는 사실은 초등학생들도 배우고 있다. 물론 아직 이러한 것에 대해 반박하는 일부 학자들도 있다. 현재 증가하고 있는 이산화탄소의 발생은 주기적인 것이며 지구의 역사를 보면 반복적으로 증가하고 줄어들고 하고 있다는 가설도 존재한다. 아무튼 여기서 이러한 것을 상세히 다루어 이야기하지는 않겠지만 한 가지 재미있는 사실은 이산화탄소의 양이 증가하고 온도가 올라가면 광합성 양이 증가하고 미생물을 포함한 다양한 생물의 활성이 증가한다는 사실이다. 특히 미생물은 양적으로 많기 때문에 이러한 이산화탄소의 발생과 광합성의 양 조절에 절대적으로 기여한다. 따라서 인간에 의해 많은 이산화탄소가 인위적으로 만들어지지 않는 한, 호흡과 광합성은 균형이 잘 맞을 것이다. 이산화탄소에 의해 온도가 올라가면 피드백 작용으로 미생물의 활동과 광합성이 증가하고 다시 산소가 많아지면 호흡이 증가하고 하면서 말이다. 미생물의 생체량biomass을 다 합치면 지구에 존재하는 식물의 양의 두 배에 이른다고 하니 식물이 하는 광합성 양만큼 미생물이 기여할 수 있다는 이야기이다. 실제로 지구에서 광합성으로 발생하는 산소의 양의 절반을 광합성 미생물이 담당하고 있다. 이러한 광합성 미생물에는 시안세균cyanobacteria과 조류algae가 있는데, 이들에 의해 발생되는 산소의 양은, 특히 해양에서 많다. 해양의 면적이 넓고 이들 광합성 미생물의 수가 많기 때문이다. 최근 연구에 의해 지구해양에서 가장 많은 광합성 시안세균이 밝혀졌다. 또한 이들을 감염하는 바이러스가 해양에 훨씬 더 많다는 것과 어떻게 이들이 공존하는지에 대해 보고된 바 있다.[2] 프로클로로코코스

*Prochlorococcus*라고 알려진 이 시안세균은 해양환경에서 주로 광합성을 하는 중요한 시안세균으로, 흥미롭게도 이들은 지구 육상식물이 가지는 엽록소chlorophyll와 비슷한 종류의 엽록소를 가지고 있어 식물엽록체chloroplast의 진화적 조상이 아닐까 추측되고 있다. 식물엽록체는 자체적으로 DNA를 가지는데 이는 시안세균의 DNA와 흡사하고 이러한 시안세균 중 프로클로로코코스가 식물과 같은 엽록소를 가지는 것이 확인되었다. 더욱 흥미로운 것은 프로클로로코코스의 종들은 해양 또는 수중의 물의 깊이에 따라 이들의 근연관계가 나뉜다는 것이다. 물의 깊이에 따라 다른 파장의 빛이 태양으로부터 들어오는데, 같은 종임에도 불과하고 진화하는 동안 빛에 대한 경쟁을 피하기 위해 현재의 상태로 진화되었을 것으로 추측하고 있다.[3] 이들은 다른 빛의 파장을 이용하기 위해 진화하면서 조금 다른 구조의 엽록소를 이용하고 있는 것이다.[3]

다른 중요한 지구온난화 가스는 메탄methane(CH_4)가스이다. 메탄가스는 전 지구적인 발생량은 적지만 이산화탄소보다 강력한(20배 정도) 지구온난화 가스로, 대부분 앞에서 설명한 고균에 의하여 산소가 없는 조건, 즉 혐기적 조건에서 만들어진다. 미생물의 메탄형성은 고균의 세가지 문phylum 중에 euryarchaeota라는 문의 메타노젠methanogen 그룹에 의하여 혐기적 조건에서만 일어난다고 아주 오랫동안 배워 오고 가르쳐 왔는데 최근 해양에 사는 고균인 *Nitrosopumilus maritimus*미생물의 대사에 의해서 산소조건에서도 대사의 부산물로 메탄이 형성된다는 놀라운 보고가 《네이처》지에 소개되었다.[4] 우리 주변에서 메탄가스가 많이 만들어지는 환경은 쓰레기더

미, 폐수 슬러지sludge, 동물의 소화기관 등이며 고균이 이러한 장소에서 메탄가스를 만든다. 특히 흰개미와 반추위동물의 장에서 많이 만들어진다고 보고되고 있는데, 아마 섭취하는 음식인 셀룰로오스cellulose 분해 과정이 고균이 잘 살 수 있는 환경을 만들고 있는 것 같다. 사람의 장에도 고균이 존재하고 있어, 우리 인간도 적은 양의 메탄가스를 만들고 있다.

메탄가스는 지구온난화 가스이면서 미래의 에너지원이기도 하다. 메탄가스 생산을 잘 이해하고 조절하면 지구온난화도 제어하고 에너지원도 확보하고 일석이조의 효과를 얻을 수 있다. 메탄가스의 형성에도 이산화탄소가 관여한다. 메탄가스를 만들기 위해 고균이 주로 사용하는 전자수용체electron acceptor가 이산화탄소이다. 다시 말하면 우리가 산소를 이용하여 호흡하는 것처럼 메타노젠이라고 부르는 메탄생성 고균은 주로 이산화탄소를 이용하여 호흡한다. 이산화탄소의 소모에도 고균이 역할을 하는 것이다. 메탄가스는 또한 산소가 있는 조건에서 다른 종류의 미생물인 메탄산화세균에 의해 분해된다. 메탄산화세균은 탄소가 하나로 되어 있는 기질을 먹는 특별한 부류의 세균이며 메탄 이외에도 메탄올, 일산화탄소(CO), DMSdimethyl sulfide 등과 같은 물질을 이용한다. 따라서 이들의 존재와 활성은 지구의 물질순환에 매우 중요하다. 일반적으로 메탄가스 생성 고균은 다른 유기물을 먹어 치우는 세균에 비해 활성이 낮고 에너지 전환 능력이 좋지 않아 유기물이 존재하는 경우에는 세균과의 경쟁에서 이길 수 없다. 따라서 유기물이 존재할 때 처음에 유기물을 산소를 이용하여 분해하는 일반적인 세균이 제일 먼저 생장하고, 유기물이 거의

다 소비되면 이후에, 발효[fermentation]를 하는 세균이 나타난다. 발효는 산소가 없이 진행되는 과정으로 이때 발생하는 작은 유기산이나 이산화탄소를 이용하여 메탄형성 고균이 메탄을 생성한다. 따라서 어느 환경에서나 유기물이 존재할 때 최종적으로 생성되는 물질이 메탄이다. 특히, 최근 연구에서 메탄생성 고균과 다른 세균과의 공생에 대하여 많은 연구가 진행되고 있다. 이들은 자연계에서 메탄형성뿐만 아니라 다른 균과의 물질교환에 중요한 역할을 하고 있는 것 같다.

일반적으로 잘 알려지지 않았지만 세 번째로 중요한 지구온난화 가스가 아산화질소[nitrous oxide](N_2O)이다. 앞의 이산화탄소보다 지구온난화지수[global warming potential]로 보면 양은 적지만 약 300배 정도 더 강력한 가스로 이산화탄소와 메탄가스와 달리 거의 대부분 미생물에 의해 만들어지고 분해된다. 아산화질소는 예전부터 지구온난화 가스보다는 웃음가스[laughing gas]로 잘 알려져 있으며 심리치료를 위한 분야에서 응용되고 있지만 질소순환 과정 중 특히 탈질과정[denitrification]에서 많은 양이 부산물로 만들어지고 있다. 탈질과정은 질산염[nitrate](NO_3^-)을 질소가스로 전환하는 과정으로, 많은 미생물들이 이 과정을 수행하면서 에너지를 생산한다. 대기 중의 질소가스를 암모니아로 만드는 질소고정 과정과 암모니아 가스를 질산염으로 만드는 질산화[nitrification]과정에서도 부산물로 일부 적은 양의 아산화질소가스를 배출한다. 이러한 질산화과정은 특별한 미생물 부류에서만 수행되는 과정이기 때문에 이들의 생태학적 위치는 매우 중요하다고 할 수 있다. 특히 질산화의 첫 번째 과정, 즉 암모니아를 산화하여 아질산염(NO_2^-)을 만드는 과정은 지난 100년 넘게 세균이 주도하는 줄로 알았지만 최근 연구에서 고균이 더 많은 관련 유전자를 지니고 있으며 질소가 부족한 환경에서 더 중요하게 작용할 것이라는 보고가 소개되었다.[5] 질소가 풍부한 지역, 예를 들면 논과 밭에 질소비료를 다량으로 살포한 지역에서는 질산화를 수행하는 세균이 더 활성이 좋으며 그렇지 않은 지역에서는 고균이 활성이 좋다는 연구결과가 많이 보고되었는데 이러한 과학적 결과의 비밀은 이들이 보유하고 있는 효소에 있다고 믿고 있다.[5] 고균의 질산화 효소는 기질에 결합하는 능력이 우수하고 따라서 적은 양이 있을 경우 우세하게 반응할 수 있지만 충분하게 많은 양이 있는 경우 대사회로가 에너지를 더 많이 빠르게 만들도록 진화한 세균이 우세하게 작용할 것이라는 것이다. 질소순환의 세 과정인 질소고정, 질산화, 탈질과정 모두 미생물이 수행하며 이러한 과정 중에서 지구온난화 가스인 아산화질소가 만들어진다. 특히 탈질과정의 여러 단계에서 한 개 혹은 두 개의 유전자가 없는 미생물이 환경에 다수 존재하므로 완전한 탈질 기능이 없는 미생물들은 그들 과정의 최종산물로 아산화질소를 만든다고 보고되었다. 때문에 토양, 수중의 질소영양분의 양과 미생물의 분포에 따라서 아산화질소의 발생량이 달라질 수 있다. 이러한 질산화와 탈질과정은 환경에서 매우 중요하다. 농업환경에서는 탈질과정으로 인해 식물성장에 필요한 질소성분이 질소가스로 바뀌어 대기 중으로 날아가기 때문에 손해이다. 부영양화eutrophication나 폐수처리 등 다른 관점에서 보면 탈질과정이 환경에 이롭게 작용한다. 부영영화가 영양분, 특히 질소와 인이 갑자기 환경에 유입되어 미생물의 생장으로 인한 산소부족과 독성부산물 생산 등을 초래하므로 질소성분의 감소는 부영양화를 방지할 수 있을 뿐 아니라 깨끗하고 안전한 환경조건을 만드는 데에도 중요하다고 할 수 있다. 현재의 많은 기후변화 관련 연구들이 이러한 미생물의 역할을 제대로 인지하지 못하고 있다. 미생물의 양과 종류가 다양하고 지구온난화에 미치는 영향이 전 지구적으로 매우 중요함에도 아직 연구는 미흡한 실정이다.

지구과학 분야는 지구의 육상과 해양 등의 다양한 구성성분을 이루는 물질의 순환 측면에서 미생물학과 밀접한 연관관계가 있다. 물질순환을 다루는 지구과학에서 중요한 연구 분야가 암석의 생성과 풍화작용인데 이러한 현상에도 미생물이 중요한 역할을 한다. 미생물에 의한 미네랄 형성작용(생광물화microbial biomineralization)은 탄산칼슘calcium carbonate의 형성으로 이미 4장에서 설명하였다(그림 1). 탄산칼슘은 탄산이온과 칼슘이온이 만나 생성되는 미네랄로서 물에 잘 녹지 않기 때문에 수중에서 침전물로 존재하게 되고 이러한 탄산칼슘이 축적되면 석회암이 만들어지게 된다. 우리가 흔히 석회암 동굴이라 부르는 곳이 탄산칼슘으로 만들어진 동굴이다. 또한 라임스톤lime stone이라고도 불리는 암석의 주성분이 탄산칼슘이다.

지구상에 존재하는 많은 이산화탄소도 물에 녹으면서 칼슘과 만나서 이러한 탄산칼슘의 침전물 상태로 존재한다. 따라서 탄산칼슘의 형성은 이산화탄소의 순환과도 밀접한 관련이 있는데, 이산화탄소가 지구상에서 저장되는 형태이기도 하다. 지구온난화의 속도를 줄이는 방법 중에 어떻게 이산화탄소를 대기 중에 나가지 않고 암석 또는 토양 등의 지구 표면에

그림 1　탄산과 칼슘이온이 결합된 탄산칼슘 덩어리(출처: 과천국립과학관).

저장할 것인가에 대한 연구가 진행되고 있다. 당연히 탄소를 저장하는 광합성의 양이 증가하면 탄소가 식물에 많이 저장되지만, 토양에 저장하는 것이 오랫동안 보관할 수 있기 때문에 과학자들은 토양저장을 궁극적으로 바람직한 방법이라고 생각하고 있다.

지구진화적으로도 현재 우리는 토양에 저장된 탄소의 형태인 석유를 꺼내어 에너지로 쓰고 있는 것이다. 탄소가 토양에 저장될 때 식물에 저장되는 것보다 좀더 오랜 기간 동안 머무를 수 있을 것이다. 토양에서의 화학작용에 엄청난 영향을 미치고 있는 미생물의 작용을 잘 이해해야 탄소의 토양저장 방법이 가능해진다. 탄산칼슘의 또 다른 형태가 해양의 산호초coral이다. 지구해양의 0.1%를 차지하고 있는 산호는 해양에 영양분을 공급하고 다양한 어류의 서식처를 제공하는 등 우리 지구 생태계에서 엄청나게 중요한 일을 담당하고 있다. 작은 무척추invertebrate 미생동물인 산호가 자신을 보호하기 위하여 딱딱한 탄산칼슘을 만들어 내는 것인데 산호 이외에 조개, 달팽이 등과 같은 생물의 껍질도 탄산칼슘으로 되어 있다. 어떻게 이러한 탄산칼슘이 외부로 분비되는 것인지에 대한 분자생물학적 기작을 알면 매우 흥미롭다. 산호초는 다양한 색깔을 가지며 해양에서 아름답게 존재한다. 이러한 자연의 아름다움 때문에 산호초는 해양관광에 중요한 역할을 담당하게 되는데 산호의 색깔은 산호와 공존하고 있는 광합성 미생물의 존재 때문이다. 광합성 미생물은 자신이 사용하는 빛의 파장에 따라 다른 종류의 엽록소를 가지며 이러한 파장의 차이로 인해 녹색, 주황색, 빨간색 등의 다양한 색깔을 나타내는 것이다. 하지만 최근 해양오염과 수온의 변화 등 다양한 해양 생태계의 변화로 인해 이러한 광합성 미생물이 죽어 가면서 백색의 산호초가 되어 버리는 일들이 일어나고 있다. 이를 산호의 백화현상coral whitening이라고 한다. 지난 20년간 산호초의 3분의 1이 사라졌다고 한다. 산호와 광합성미생물의 공생작용은 보통 물질교환과 보호 등의 역할을 하게 되는데, 공생 역할을 하는 파트너의 사멸은 산호의 붕괴로 이어질 수 있다. 최근 연구에서는 수온상승으로 인하여 특정 해양병원균이 증식이 활발해지면서 이러한 작용으로 광합성 미생물의 병들어 죽는 것이 아닌가에 대한 연구가 보고되었다.[6] 대기 중의 이산화탄소 양이 증가하면 해양으로 녹아 들어가는 이산화탄소의 양이 증가하게 되고 증가된 이산화탄소는 바닷물에 녹아 중탄산염 그리고 탄산염이 된다. 하지만 이와 같은 과정이 진행되면서 수소이온이 나오기 때문에 해양이 산성화되게 된다. 해양의 산성도는 산업혁명 이후 계속적으로 증가하여 현재 약 30%나 증가되었다고 한다. 30%라는 수치가 많아 보이지만 실제 산성도는 아주 천천히 낮아지고 있다. 하지만 계속 낮아질 경우 0.1 산성도의 차이로 인해 엄청나게 많은 수중생태계의 변화가 올 것이 분명하다. 궁극적으로 수생물 다양성과 수산자원의 변화에도 크게 영향을 미칠 것이다. 이렇게 낮아지는 산성도는 생물에 큰 영향을 줄 뿐만 아니라, 계속 진행될 경우 대기 중의 이산화탄소가 해수에 녹아 들어가는 것이 방해를 받아 해양의 탄소흡수능력을 저해할 것이다. 해양산성도의 증가 또한 지구온난화 문제에서 다루어야 할 중요한 사안인 것이다.

탄산칼슘의 형성은 화학적으로 탄산과 이산화탄소의 농도와 주변의 산성도 등에 의해 형성되지만 이러한 과정은 매우 느리게 진행된다. 하지만 미생물의 존재하에 이 과정이 촉진된다.[7] 주로 미생물에 의한 pH 변화로 인해 침전이 빨리 진행되는 결과이지만, 때로는 미생물의 세포 표면 또는 미생물이 분비하는 물질에 의하여, 미네랄의 초기 결정성장이 빨라지면서 만들어지기도 한다(그림 2).

이러한 결정을 만드는 작용을 촉진하는 일은 대기 중에서 구름 형성cloud formation의 과정이나 겨울철 눈snow이 형성되는 과정에서도 일어난다. 구름 형성은 대기 중에 수분을 모으는 작

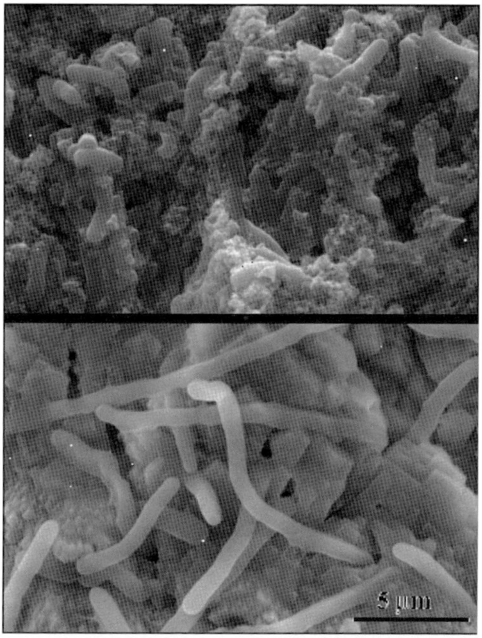

그림 2　*Bacillus* 종(위)과 *Sporosarcina* 종(아래)에 의해 만들어진 탄산칼슘 결정. 만들어진 결정의 모양이 다른 게 보인다. 세포 표면의 성분이 미네랄 형성을 촉진하는지에 대한 연구가 필요하다.

용을 하는 다양한 화학물질에 의하여 촉진되는데 주로 먼지나 해양에서 올라온 이온물질들이 이 역할을 하게 된다. 미생물이 만들어 내는 다양한 화학물질 중 대기로 방출되어 이와 같은 일을 할 수 있는 것들이 알려져 있다. 특히 해양에서 살고 있는 미생물들이 대사작용 결과 나오는 가스 중 DMS^dimethyl sulfide^는 해양에서 서식하고 있는 다양한 조류^algae^의 대사 부산물을 세균이 이용하여 만들어 내는 물질이다. DMS는 대기 중에 방출되어 구름 형성을 촉진한다. 다시 말하면, 미생물의 대사과정으로 대기의 상태가 바뀔 수도 있고 기후도 변화시킬 수 있다는 이야기이다. 미생물이 내는 물질 이외에 미생물 자체도 그와 같은 일을 할 수 있다는 것이 최근 보고되었는데, 실제 비행선을 띄워 대기 중에 얼마나 많은 미생물들이 존재하는가에 대한 연구결과를 보면 아주 흥미롭다. 대기 중의 먼지 같은 물질의 무려 20%가 넘는 부분이 미생물이라고 알려져 있고 이 중 곰팡이보다는 세균이 더 많다는 사실은 아주 흥미롭다. 특히 해양의 대기는 해양 미생물이 대부분이고 육지의 대기는 육상에서 서식하는 미생물이 대부분이라고 한다. 즉 대기 아래의 서식환경이 대기 중에 분포하는 미생물의 종류를 대변한다고 할 수 있다. 이와 같은 작용들이 온도가 낮을 때 일어나면 눈이 형성되는 것이다. 눈을 수집하여 결정 안의 미생물을 조사해 보았더니 대부분 슈도모나스 시링게*Pseudomonas syrinage*라는 세균이었다고 한다. 이러한 사실은 이 세균이 얼마나 환경적으로 중요한지 보여 주고 있다. 실제로 예전의 《사이언스》 논문에서 작물에 냉해frost damage가 일어나는 원인 중 하나가 작물의 엽면에 존재하는 슈도모나스 시링게 세균 때문이라고 보고된 바가 있다. 초겨울이나 이른 봄에 온도가 영하로 내려가지 않아도 세균 때문에 엽면 위에 눈 결정이 생기게 되고 이러한 결정은 작물의 조직을 파괴하여 세균이 작물에 침입을 용이하게 하여 식물병을 초래할 수 있는 것이다.[8]

최근 이러한 미생물의 탄산칼슘의 형성이 건축학에서 관심을 받고 있다. 많은 건축물은 콘크리트concrete로 되어 있다. 콘크리트 구조물의 안에는 또한 철근이 포함되어 있어 시간이

지나면서 철근의 노화가 진행된다. 콘크리트 자체도 영구적으로 사용할 수 있는 것이 아니다. 어느 정도의 시기가 되면 철근과 마찬가지고 균열이 생기고 철거해야 할 운명이 된다. 건설 현장에서는 어떻게 하면 좀더 오래 콘크리트를 사용할 수 없을 지에 대한 고민과 철근이 녹슬지 않는 환경을 만들려고 연구하고 있다. 미생물학과 이러한 건설공학 또는 토목공학과의 만남이 전혀 상상이 가질 않았다. 하지만 2005년 정도부터 여러 가지 관련 논문들이 나오고 외국에서는 상용화가 이미 시작된 곳이 있다고 한다.[9] 미생물을 이용한 친환경 콘크리트 개발이다. 콘크리트는 만드는 일을 콘크리트를 양생한다고 한다. 양생 과정에서 우리 눈에는 보이지 않는 작은 미세 구멍이 생긴다. 이러한 미세 구멍으로 빗물과 공기가 들어가고 철근까지 다다르면 산화가 진행된다. 아주 천천히 진행되지만 시간이 많이 흐른 뒤에는 건축물을 지탱하지 못할 정도로 노후화가 진행된다. 이러한 미세 구멍을 막는 일이 중요하다. 현재 다시 콘크리트를 덧댄다든지, 아니면 접착제와 같은 폴리머를 이용하여 메우는 일들을 하고 있는데 이러한 일에 미생물을 이용하려는 시도들이다. 미생물의 크기는 마이크로 크기이지만 환경조건에 따라 나노 크기로 더 작아지기도 한다. 특히 일부 미생물이 만드는 포자spore는 세포보다 작고 환경스트레스에 강한 특징이 있다. 그도 그럴 것이 원래 포자는 미생물의 휴면상태의 세포이다. 먹을 것이 없거나 환경이 열악해 살기 힘들어지면 포자를 형성한다. 포자는 토양에서 100년 이상 존재할 수도 있고 펄펄 끓는 물에서도 생존이 가능하다. 특별한 세포벽과 열에 강한 단백질과 내부물질을 보유하고 있다. 환경이 좋아지면 다시 일반적인 세포로 변화하여 생장한다. 주로 바실러스*Bacillus*균들이 포자 형성을 한다. 우리가 많이 들어본 고초균이 바실러스균이다. 이러한 포자의 특성을 이용하여 콘크리트를 양생할 때 포자를 혼합하거나 혹은 이미 형성된 콘크리트에 포자를 살포하여 작은 미세 구조에 포자를 넣는 일을 하려고 하는 것이다. 삽입된 포자 자체는 탄산염과 칼슘이 존재하거나 혹은 공기와 물에 접촉하여 일반 세포가 된 후에 탄산염과 칼슘이 존재할 때 탄산칼슘을 만드는 일을 촉진할 수 있다. 이러한 콘크리트를 가리켜 자기치유 콘크리트self-healing concrete라고 부른다. 갈라진 틈에 존재하는 미생물의 포자가 스스로 탄산칼슘을 만들어 구멍을 메운다는 개념이다. 여기서 중요한 것이 산성도이다. 탄산칼슘은 염기성일 때 형성되고 유지되는데 미생물이 이러한 염기성 상태의 환경을 만들면 더욱 탄산칼슘 형성이 빨라질 것이다. 아무튼 향후 10년간 더 연구할 것들이 많지만 곧 미생물을 이용한 콘크리트가 나올 것으로 기대된다.

반면에 일부 미생물은 탄산칼슘으로 되어 있는 암석을 녹여낼 수도 있다. 황환원세균과 황산화세균의 작용으로 황산이 만들어지면 주변 환경이 산성이 된다. 산성조건에서는 다양한 금속의 용해도가 증가한다. 이와 같은 원리는 지구과학 분야에서뿐만 아니라 다음 장에서 이야기할 환경공학의 분야인 금속의 재순환에 이용되고 있다. 미생물의 황산생성으로 인해 산성이 증가하고, 결과적으로 금속의 용해도가 증가하여 유용금속을 용출해 내는 작업을 할 수 있는 것이다. 칼슘도 이러한 원리로 더 잘 녹고 녹은 칼슘은 황산염과 반응을 더 잘하게 된다. 탄산칼슘이 녹게 되는 것인데 이러한 원리로 탄산칼슘 동굴cave에서 탄산칼슘이 점점 녹아 들어가면서 처음에 작은 구멍이 점점 커져 궁극적으로 동굴이 되는 것이다. 물론 다른 종류의 동굴도 있기 때문에 모든 동굴이 탄산칼슘이 녹는 원리로 형성되는 것은 아니다. 최근에는 이러한 미생물에 의한 동굴 형성뿐만 아니라 동굴과 같은 영양분이 아주 부족한 빈 영양상태oligotrophic condition에서 어떻게 미생물과 같은 생명체가 생존을 유지할 수 있는지, 또한 어떤 생태적 의미와 기능이 있는지, 이러한 상태에서 미생물 생산하는 의학용 유용물질이 있는지에 대한 연구도 활발하게 진행 중이다.

지구미생물학 분야의 또 다른 중요한 분야가 극한미생물extremophile 분야이다. 미생물은 우리가 생각할 수 있는 그 이상의 극한환경에서도 서식할 수 있다. 극지방의 빙하 속, 바닷속의 화산 지역(열수분출구), 사막과 같은 빈 영양상태의 더운 지역 등 거의 모든 지구환경에 미생물이 생존할 수 있다. 지금까지는 영하의 어떤 온도의 빙하에서도 미생물이 발견되고 있다. 이들이 대사적으로 활발하지는 않지만 죽어 있지 않은 생존의 형태이다. 최근 지구온난화로 인하여 많은 빙하가 녹고 있다는 소식이 여러 매체를 통하여 들려 온다. 이러한 현상으로 인하여 빙하 속의 미생물들이 지구의 생지화학적 과정에 어떤 영향을 미칠 것인가 궁금하다. 해양 열수분출구의 미생물들은 극한의 높은 온도에서도 생존할 수 있다. 열수분출구 자체는 온도가 300℃가 넘는 온도로 미생물이 생존할 수 없지만 100℃가 넘는 주변 지역에는 미생물이 생존하고 있다. 우리가 흔히 알고 있는 에너지원인 ATP는 150℃ 정도가 되면 화학적으로 파괴되기 때문에 과학자들은 현재 150℃ 정도가 미생물이 생존할 수 있는 최고 고온이라고 생각하고 있다. 현재까지는 122℃에서 생존하는 빈 영양상태의 메탄형성 고균인 *Methanopyrus kandleri*가 지금까지 알려진 가장 높은 온도에서 서식하는 미생물이다.[10] 이 고균에 대한 연구결과는《미국 학술원 저널[PNAS]》에 소개되기도 했다. 상상해 보면 실로 엄청난 일이다.[10] 어떻게 펄펄 끓는 물과 같은 온도에서 생존할 수 있는가? 실제로 물은 100℃에서 끓지만 압력이 높아지면 더 높은 온도가 될 수도 있다고 한다. 아무튼 100℃ 이상에서 생존하려면 세포 내에 특수한 장치들이 있어야 하는 것은 분명하다. 실제로 그들의 DNA는 열로부터 보호되기 위하여 특수한 단백질에 감싸여 있고, 단백질 또한 열에 안정화가 되기 위하여 일반적인 단백질의 접힘과 다른 형태로 접혀 있다고 한다. 세포막을 구성하는 지질층 또한 분명 안정적이어야 할 것이다. 이러한 미생물들을 초고온성 미생물이라고 한다. 초고온성 미생물은 생태적, 미생물학적으로 연구 가치가 있는 대상이지만 생명공학적으로도 높은 온도에서 그들이 갖는 열 안정적인 효소의 존재 때문에 산업적으로 큰 관심을 받고 있는 분야이다. 이들은 아마도 지구가 처음 생겨나고 생물이 처음 진화하였을 당시의 상태를 지금도 유지하고 있는지도 모른다. 지구과학자들은 지구의 초기 모습을 높은 열과 메탄, 암모니아 가스, 수소 등의 다양한 가스로 채워진 상태였을 것으로 가정하고 있다. 이들 가스들은 해양 화산활동의 작용으로 대기 중으로 분출되었을 것으로 생각되고 있다. 흥미롭게도 초고온성 미생물들은 대부분 앞에서 설명한 고균에 속하는 미생물들이고, 이들은 위의 다양한 가스를 에너지원으로 사용하여 살아가고 있으며, 이들의 현재의 서식지는 열수분출구 등 다양한 극한환경인 경우가 많다. 이들의 연구를 통하여 초기 지구의 진화와 관련된 실마리를 얻을 수 있을지도 모른다.

지구 진화와 관련되어 가장 중요한 사실이 산소의 발생이다. 초기 지구에는 산소가 존재하지 않았다. 산소는 광합성 미생물의 산물이다. 산소발생이 시작된 후 천천히 산소의 농도가 지구에 축적되었고 동식물의 대발생이 시작되었다. 산소는 동식물의 대발생뿐만이 아니라 그동안 존재하지 않았던 미생물을 포함한 새로운 생물들이 생겨나는 데 엄청난 중요한 요소로 작용하였다. 미생물에 의한 산소발생은 이렇게 지구에 생존하는 생물들의 진화에 결정적인 역할을 한 것이다. 우리는 현재 산소를 이용한 에너지 발생이, 다른 어떤 전자수용체electron acceptor를 사용한 것보다 효과적이라는 것을 안다. 산소는 전자를 받는 경향이 강력한 전자수용체로서, 생물의 에너지 생산에 결정적인 역할을 한다. 당연히 이전의 에너지 발생량보다 월등하게 많으니 에너지와 대사량이 증가하여 미생물을 비롯한 다양한 동식물의 대발생이 시작되었을 것이다. 또한 산소의 농도가 높아진 후부터 산소로 인한 산화적 스트레스oxidative stress를 방어하기 위한 방어기작들이 진화하였다. 쉽게 말하면 세포 내에서 산소에 의해 다양한 물질들이 산화되는 것을 방지하려는 시스템이 발달하게 된 것이다. 산소는 물질들로부터 전자를 뺏어 물질을 산화시킨다. 산소조건에서 철이 녹슨다는 것은 이러한 원리이다. 물론 다른 장에서 설명할 혐기적인 부식anaerobic corrosion도 있다. 혐기적 부식은 우리가 흔히 알고 있는 산소가 존재할 때의 철의 부식이 아니라 산소가 없는 조건에서 철이 전자를 잃어버려 녹슬 수도 있다는 것이다. 과학적인 용어로 이를 혐기적 부식이라고 한다. 45억 년 전에 지구가 생겨나고 35억 년 전에 생물이 처음 생겨난 후 광합성미생물의 작용으로 현재의 20% 정도 산소의 농도를 유지하게 되었고 다양한 생물들이 진화하게 되었다. 어떻게 현재 20%를 유지하고 있는가도 또한 흥미로운 지구생화학적 작용이다. 이러한 지구생물학에서 미생물학적 관심은 더 나아가 우주생물학astrobiology 분야에서도 최근 각광을 받고 있다. 과연 화성에 생명체가 있을까? 화성의 메탄가스는 미생물과 같은 생명체의 생물학적 발생의 산물인가? 화성에서 극한미생물이 존재할까? 아니면 미생물의 흔적이라도 있는 것일까? 등 미국의 항공우주국 나사NASA를 비롯한 세계 각국의 우주생물학 분야의 학자들은 현재 이러한 질문에 대답을 찾기 위해 다양한 시도를 하고 있는 중이다.

용어 설명

혐기적 호흡(anaerobic respiration) 미생물이 산소를 이용하지 않고 질산염, 산화철, 수소 등 다른 무기물 등의 전자수용체를 이용하는 호흡.

발효(fermentation) 미생물이 호흡을 위하여 대사과정 중에 발생하는 전자수용체를 사용하는 것으로 전자수용체가 외부에서 유입되지 않는 혐기적 조건에서 일어나는 에너지 발생 과정.

부영양화(eutrophication) 수중 생태계에 영양물질, 특히 질소와 인이 증가하여 수중 미생물이 급속히 증식하는 현상으로 산소 고갈, 독소 생성 등 환경에 악영향을 초래.

주

1. Lloyd, K. G., et al. Predominant archaea in marine sediments degrade detrital proteins. *Nature* 496, 215-220 (2013)
2. Avrni, S., Wurtzel, O., Sharon, I., Sorek, R. & Lindell, D. Genomic island variability facilitate *Prochlorococcus*-virus coexistence. *Nature* 474, 604-608 (2011)
3. Bibby, T. S., Mary, I., Nield, J., Partensky, F. & Barber, J. Low-light-adapted *Prochlorococcus* species possess specific antennae for each photosystem. *Nature* 424, 1051-1054 (2003)
4. Kamar, S. S., Williams, H. J., Dangott, L. J., Chakrabarti, M. & Raushel, F. M. The catalytic mechanism for aerobic formation of methane by bacteria. *Nature* 497, 132-136 (2013)
5. Martens-Habbena, W., Berube, P. M., Urakawa, H., de la Torre, J. & Stahl, D. Ammonia oxidation kinetics determine niche separation of nitrifying archaea and bacteria. *Nature* 461, 976-981 (2009)

6. Tout, J., et al. Increased seawater temperature increases the abundance and alters the structure of natural *Vibiro* populations associated with the coral *Pocillopora damicornis*. *Front Microbiol* 6, 432 doi: 10.3389/fmicb.2015.00432 (2015)
7. Kim, H. J., et al. Calcium carbonate precipitation by *Bacillus* and *Sporosarcina* strains isolated from concrete and analysis of the bacterial community of concrete. *J Microbiol Biotechnol* 26, 540-548 (2016)
8. Morris, C. E., et al. The life history of the plant pathogen *Pseudomonas syringae* is linked to the water cycle. *ISME J* 2, 321-334 (2008)
9. Seifan, M., Samani, A. K. & Berenjian, A. Bioconcrete: next generation of self-healing concrete. *Appl Microbiol Biotechnol* 100, 2591-2602 (2016)
10. Takai, K., et al. Cell proliferation at 122°C and isotopically heavy CH_4 production by a hyperthermophilic methanogen under high-pressure cultivation. *Proc Natl Acad Sci U S A* 105, 10949-10954 (2008)

7장 환경공학을 위한 미생물학

환경공학은 응용과학으로 자연환경(공기, 물, 토양)을 개선하고, 이를 위해 공공 교육, 관리, 법규, 효과적인 기술 실행을 위한 공부를 하는 학문 분야이다. 특히, 대기·수질·폐기물·토양·해양 등의 오염 예방, 폐수처리와 소음 및 진동공해 방지 등을 위한 과목을 배운다. 필자가 박사학위과정에 공부할 당시에 많은 환경미생물학 박사학위자들이 환경공학과의 교수로 임용되었다. 교수로 임용된 많은 미생물전공 박사학위자들은 대부분 폐수처리wastewater treatment를 전공하였다. 환경공학 분야 중에 제일 중요한 분야 중의 하나가 깨끗한 물을 공급하는 폐수처리 분야라고 생각된다. 그렇기 때문에 환경공학자들과 미생물학의 가장 친밀한 분야가 폐수처리일 것이다. 필자도 환경미생물학으로 박사학위를 취득했기 때문에 다양한 국제학회와 연구모임에서 많은 환경공학자들과 관심사항에 대한 이야기를 나눌 수 있었고 많은 환경공학자들이 대부분이 폐수처리를 전공하다가 미생물학에 관심이 생겨서 환경미생물학을 연구하기 시작했다는 경우가 많다고 들었다. 폐수처리에서 가장 중요한 방법이 유기물을 효과적으로 분해하여 처리된 물을 방류할 때 생물학적 산소요구량BOD를 낮추는 것이다. 유기물을 분해할 때 다양한 방법들이 있지만, 경제적이면서 효과적으로 분해할 수 있는 것이 생물학적 방법, 즉 미생물을 이용한 방법이다. 예전에는 어떤 미생물이 주로 폐수처리에 작용하는지 이들의 종류와 군집분포, 생리 등에 대하여 모르는 것이 많았다. 그냥 미생물이 담당하는 부분을 미지의 블랙박스처럼 생각해 왔다. 실제로 폐수처리가 잘 되지 않는 경우 미생물에 대하여 모르니 해결책을 찾기가 어려웠기 때문에 더러운 물을 그냥 방류하곤 했다. 더군다나 자연환경의 많은 미생물들이 배양되지 않기 때문에 실제로 어떤 미생물들이 존재하는지 알고자 실험실에서 배양을 시도하여도 엄청나게 작은 부분의 미생물군만이 배지에서 자라기 때문에 전체적인 군집에 대하여 전혀 알 수 없는 상황이었다.[1] 실제 과학자들은 토양 미생물의 1%보다 작은 군집만이, 그리고 해양 미생물의 경우에는 0.01%보다 작은 군집만이 배양된다고 한다. 폐수 안의 미생물들은 많은 경우가 동물과 인간에서 유래한 대장균과 같은 미생물이 많이 존재하기 때문에 토양과 해양의 미생물보다 좀더 배양이 쉽지만, 그래도 현재의 배양 방법으로 전체 군집을 이해할 수는 없다. 생활하수 또는 토양으로 유래한 미생물을 배양하면 거의 비슷한 세균들만이 배양된다(그림 1). 이들이 실제 그 환경에서 중요하지 않을 수도 있는데 말이다. 오직 이들이 배양이 용이하기 때문이다. 주어진 환경에서 제일 중요한 미생물이 배양되지 않는 경우가 많다. 각자 다른 미생물에 어떤 영양분과 조건을 제공해 주어야 하

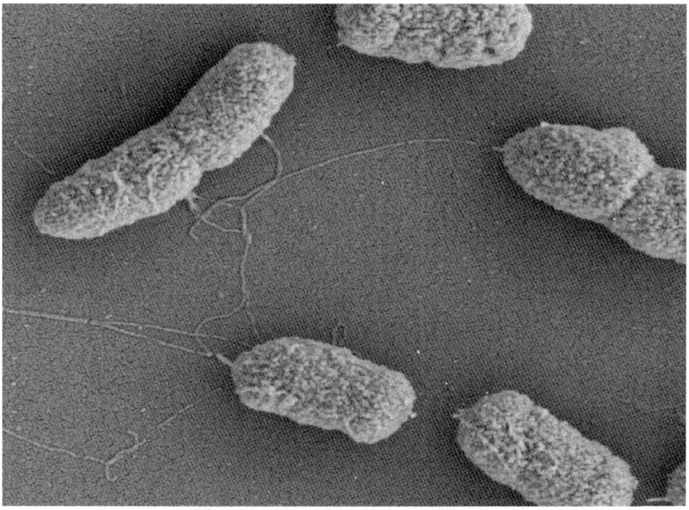

그림 1 토양과 생활하수 등에서 많이 발견되는 슈도모나스 균주(*Pseudomonas putida*) 전자현미경 사진. 이 균주는 많은 오염물질을 먹이로 좋아하여 섭취하면서 성장한다. 오염물질 분해 모델균주로 유전자지도가 2002년도에 완성되어 유전학, 생화학적 연구가 활발히 진행 중이다.

는지 불분명한 점 등 여러 가지로 어려운 점이 많기 때문이다. 따라서 배양을 통한 미생물 생태를 이해하는 것은 과거에는 불가능했다. 하지만, 현재 DNA 추출을 통한 비배양방법으로 미생물군집을 이해할 수 있게 되었다.[2]

미생물들은 고유의 DNA정보를 가지고 있는데 이러한 DNA정보를 얻게 되면 배양하지 않고도 미생물의 종류를 알 수 있기 때문에 현재 이러한 비배양법 분석방법이 많이 이용하고 있으며, 폐수처리 과정에서 중요한 미생물의 분포를 파악할 수 있게 되었다. 이들 미생물의 작용으로 폐수 안의 유기물이 줄어들게 되고 미생물의 생장으로 군집이 커지면 이들의 덩어리인 슬러지sludge가 형성되게 된다. 무거워진 슬러지는 아래로 가라앉게 되고 이들을 회수한 후에 슬러지만 따로 모아서 다시 슬러지 처리를 하게 된다. 슬러지 처리 시에 많은 메탄가스가 발생하기 때문에 발생된 메탄가스를 다시 에너지원으로 사용하고 있다. 최근에는 낮은 농도에서 슬러지를 처리하는 기술들이 개발되고 있다.[3] 메탄가스 또한 앞에서 설명한 메탄생성 고균에 의한 산물이므로 슬러지 처리 시에도 미생물학적 이해가 필수이다.

여기서 좀더 자세히 폐수처리 과정에서의 미생물의 역할에 대하여 살펴보기로 하자. 여러분은 가정에서 생활하면서 매일같이 음식물 쓰레기와 생활 쓰레기를 만들고 있다. 최근에는 쓰레기를 분리 수거하면서 매주 정해진 요일에 일주일 동안 모은 쓰레기를 가져다가 버리곤 한다. 이런 쓰레기들은 각 시, 도에서 정해 놓은 매립장이나 소각장으로 운반되어 처리된다. 하지만 집에서 샤워한 비눗물, 가정이나 음식점에서 싱크대로 배출하는 물과 폐식용유 등은 어디로 가는 것일까? 만약 생활하수를 그대로 강으로 방류하면 어떤 일이 일어날까?(그림 2)

생활하수는 우리가 버린 더러운 물이지만, 그 안에는 많은 오염물질과 미생물들이 좋아하는 영양분이 들어 있다. 특히 우리가 버린 음식물에서 나오는 더러운 물에는 많은 유기물이 들어 있다. 유기물organic compounds은 탄소를 기본 골격으로 하는 화합물인데 보통 탄수화물, 단백질, 지방 등이 유기물의 대표적인 예라 할 수 있다. 그와 반대로 소금이나 석회비료, 금속 등은 무기물inorganic compounds이라고 한다. 인간, 식물, 동물이나

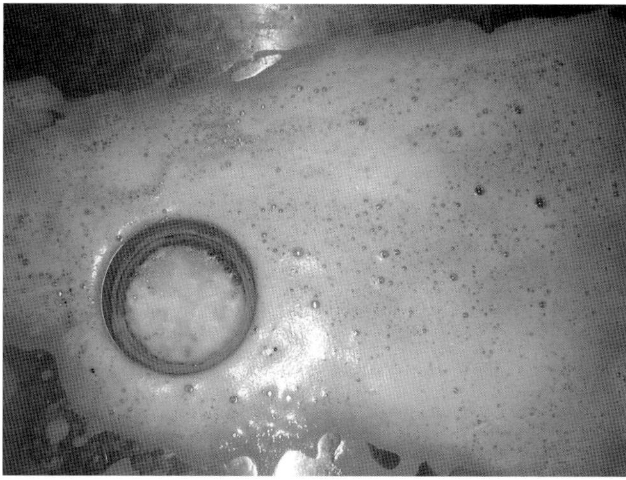

그림 2 주방용 세제에 의한 생활하수가 싱크대에서 흘러 나가고 있다.

미생물 모두, 탄소를 기본으로 하는 유기체이고 유기체가 계속적으로 생활을 하기 위해서는 유기물을 계속 섭취해야 한다. 우리는 매일 곡류 등의 식사를 통하여 유기물을 섭취하지만 물속의 미생물들은 물속에 녹아 있는 유기물을 이용하여 성장한다. 미생물을 포함한 모든 생물에서 유기물의 탄소뿐만 아니라 질소, 인 등도 필수 요소이다. 특히 질소는 단백질 형성에, 인은 DNA형성에 중요한 구성성분이다. 생활하수에는 음식물 등에 나온 다양한 유기물, 분뇨 등에서 나오는 질소와 인, 합성세제 등에서 나오는 오염물질, 중금속 등이 존재하는데 미생물들에게는 이들이 모두 좋은 영양분이 될 수 있다. 물론 높은 농도의 중금속 등의 오염물질은 미생물에게도 해롭지만 많은 미생물이 이러한 더러운 오염물질을 좋아하며

그림 3　산소를 이용한 미생물의 증식. 왼쪽은 미생물이 없는 유기물, 오른쪽은 산소를 이용한 대장균(*Escherichia coli*)의 증식으로 물이 혼탁해졌다

먹이로 섭취하면서 살고 있다. 유기물, 질소, 인 등이 대량으로 강이나 바다에 들어가게 되면 유기물을 먹고 살아가는 미생물들의 수가 급격히 증가하게 된다(그림 3).

이러한 미생물들이 유기물을 이용하기 위해서는 산소가 필요한데 이를 호기성aerobic 미생물이라고 한다. 호기성 미생물은 우리가 에너지를 내기 위해 산소를 들이마시며 호흡하는 것처럼, 산소가 있어야만 유기물을 분해하며 에너지를 얻을 수 있다. 그러므로 호기성 미생물이 유기물을 섭취해 분해하기 위해서는 물속에 녹아 있는 산소, 즉 용존산소dissolved oxygen도 함께 섭취하게 된다. 다시 말해서 미생물이 소비하는 용존산소의 양은 생분해성 유기물의 양에 비례하게 된다.

유기물의 양을 용존산소 소비량으로 대체해 나타내고자 한 것이 생물학적 산소요구량BOD, Biological Oxygen Demand이다. BOD농도가 높으면 그만큼 생분해성 유기물의 농도가 높다는 의미가 된다. 이때 필요한 산소의 양은 피피엠ppm으로 나타내게 되는데, 1ppm은 물 1리터에 포함된 오염물질을 분해하는 데 필요한 산소의 양이 1밀리그램mg이라는 뜻이다. 먹을 수 있는 물로 적합한 BOD는 2ppm인데 한강의 경우 상수도원인 팔당댐 근처는 1.5ppm 정도 되니 상태가 좋은 편에 속한다. 하지만 하수의 경우 보통 100-150ppm이나 얼마나 많은 유기물이 들어 있는지 짐작할 수 있다. 이러한 많은 유기물은 이를 이용하는 호기성 미생물의 수를 급격히 증가시키고 이로 인하여 용존산소가 감소하게 된다. 수중에는 미생물뿐만 아니라 산소를 이용하여 호흡하는 물고기를 포함한 여러 수중생물이 있는데 미생물이 산소를 대부분 소비하여 수중 산소 결핍을 초래하게 된다. 이러한 현상을 부영양화eutrophication라고 한다. 바다에서의 부영양화 현상을 적조red tide라고 하며, 대량의 적조가 발생하면 어패류가 떼죽음을 당하게 되는 것은 신문이나 뉴스에서 많이 접했을 것이다. 특히 용존산소는 수온이 높으면 물에 녹는 용해도가 낮아지게 되어 여름철에는 특히 높은 온도와 부영양화로 인한 피해가 급증하고 있다. 우리나라에서는 주로 서해안과 남해안의 해안가에서 양식업을 하는 사람들은 죽은 어패류와 악취로 막대한 피해를 해마다 보고 있다. 악취가 나는 이유는 용존산소가 낮아진 산소가 부족한 환경에서는 이러한 환경에서도 잘 번식할 수 있는 산소를 이용하지 않는 혐기성 미생물이 증가하게 되고, 이들이 남은 유기물을 분해시키는데, 이때 혐기성 미생물이 에너지를 얻는 과정에서 황화수소나 메탄가스 등이 방출되어 물에서 악취가

나게 된다. 가끔 더러운 강이나 하구 근처에 가면 보글보글 거품이나 공기방울 같은 것이 물 위로 나오는 본 적이 있을 것이다. 그런 공기방물이 메탄가스, 황화수소 가스이며 특유의 지독한 냄새는 이러한 가스의 냄새이다. 유기물 이외의 오염물질 중 폐식용유와 같은 기름 성분은 물에 잘 섞이지 않으므로 물 위에 막을 형성하게 된다. 이는 공기 중의 산소가 물속으로 녹는 것을 방해하고 이로 인해 수중 생태계의 산소가 부족하게 되고, 결국 수중 생태계를 파괴시키게 된다. 주방에서 쓰는 합성세제는 석유계 합성물질로서 생태계에 독성을 미치고 암을 유발하는 것으로 알려졌으며, 이들 또한 미생물의 먹이가 될 수 있으므로 하천이나 호수에 부영양화를 일으키게 된다. 또한, 합성세제로 인한 거품 역시, 수면을 공기로부터 차단하여 산소가 물속으로 녹는 것을 방해함으로써, 수중생태계를 파괴하게 된다. 이 때문에 생활하수의 방류 전 유기물질의 처리는 수질개선과 환경보호 등을 위하여 우리 생활에서 선택이 아니라 필수이다.

한국에서 현재 수질오염으로 인해 많은 양식장의 어패류가 죽고 생태계의 파괴되고 있다. 생활하수가 처리되지 않고 그대로 방류되면 이 정도로 환경에 피해를 유발하니 기름을 싣고 항해하는 유조선이 암초에 부딪쳐서 좌초되면 얼마나 큰 피해가 발생하게 것인지 상상이 될 것이다. 기름이 유출되면 많은 독성물질과 수면 위의 기름 막 형성 등으로 인해 상상도 못할 액수의 환경피해를 초래하게 되는 것이다. 가정에서 버린 생활하수 이외에 공장에서 나오는 산업폐수와 축산폐수 등이 강이나 바다를 오염시키는 수질 오염원이다. 하지만 생활하수가 현재 60%에 육박한 수질오염의 주범이다. 생활하수의 적절한 처리 없이는 수질오염을 막을 수가 없다. 수질오염원 중 60%로 가장 많은 비율을 차지하고 있는 생활하수에 이어 산업폐수가 39%로 그 다음이고 축산폐수는 1%로 그 비율이 가장 낮게 나타난다. 하지만 축산농가에서 사용하는 사료, 항생제, 농약 등으로 인하여 축산폐수에 의한 수질오염은 굉장히 심각한 상태이다. 현재 한국에서는 산업폐수와 축산폐수의 경우 생활하수와 별도로 모아 처리하고 있다.

생활하수 안에는 그 외에도 병원균과 기생체 등이 존재한다. 특히 병원균에 의해 감염된 사람의 화장실에서 나오는 분뇨와 환자들이 사용한 휴지, 컵, 수저 등을 씻고 나오는 하수에는 많은 수의 병원균이 존재하게 되는데 가정이나 병원에서 이를 막기에는 너무 힘이 든다. 그러므로 이들 병원균이 하수관을 타고 흘러나가게 되고 이를 처리하지 않고 방류하였을 경우 강과 바다에서 병원균 등에 의한 전염병이 발생할 수 있다. 특히 강물은 작물 등을 키우기 위한 농업용수로도 많이 사용되는데 병원균이 많은 농업용수를 사용하였을 경우 채소류 등에 잔류하였다가 사람이나 동물로 감염될 수 있다. 그러므로 잔류농약의 문제도 있지만 이러한 이유로 야채나 과일을 깨끗이 씻어서 먹는 것은 건강을 위해 당연하게 해야 하는 일이다. 하수에서 병원균 각각의 존재 여부를 일상적으로 검사하는 일은 매우 번거롭고 어려운 일이다. 그러므로 어떤 미생물이 존재하면 병원성 미생물이 있을 확률이 높다는 것을 나타내는 지표미생물indicator microorganism의 존재 유무를 살펴보는 것이 일반적이다.[4] 예를 들면, 사람이나 동물의 장에 살고 있는 대장균군coliform bacteria은 분변을 통하여 대량으로 배출되므로 오염된 물에서는 대체로 분변오염의 정도에 비례한 밀도로 이 대장균군이 발견된다. 이 대장균군은 일반적으로 질병을 유발하는 세균에 비하여 강하므로 물에서 이들 세균이 발견되지 않으면 그 물이 인간이 사용하는 데 세균학적으로 안전하다는 것을 나타내는 지표가 될 수 있다. 반면 이 대장균군이 존재한다는 사실은 질병을 유발할 수 있는 미생물 종이 존재할 수 있고 음료수로 사용하기에는 불안전하다는 지표가 된다. 최근에는 위에서 설명한 DNA를 이용한 방법도 고안되고 있다.[4]

이들 생활하수들이 결국에는 한군데로 모아져서 여러 과정을 거치는 동안 다양한 미생물, 특히 세균에 의해 깨끗이 정화되어 다시 강으로 흘러 들고 있음을 아는 사람들은 그리 많지 않을 것으로 생각된다. 앞에서 언급한 것처럼, 현재 생활하수 처리의 가장 큰 목표는 강과 바다로 유입되는 유기물의 양을 줄이는 것이다. 간단히 말하면, 위에서 언급한 미생물의 작용(유기물 분해로 인한 성장)을, 생활하수가 강이나 바다로 유입되기 전에 미리 처리장에 모아서, 일어나게 한 후에 방류함으로써 자연생태를 보호하려는 방법을 이용하고 있다. 현재 서울에는 네 군데의 물 재생센터Sewage treatment center가 있다. 그중에서 2군데(중랑물재생센터, 난지물재생센터)는 서울시가 소유하고 있고 다른 2군데((주)서남환경, (주)탄천환경)은 민간인 투자에 의해 운영되고 있다. 각 물 재생센터는 각 지역에서 발생한 생활하수를 깨끗이 한 후 한강으로 방류하고 있다. 현재 유입되는 생활하수는 계절 등에 따라 다양한 BOD 값을 보이지만 대게

그림 4 최초 침전지의 일부분. 이곳에서 2시간 정도 체류하면 물 위에 뜨는 물질과 아래 가라앉는 물질을 제거하고 그 이외의 하수를 포기조로 옮기게 된다.

100-150ppm 정도인데, 하수처리 후 흘려 내보내는 방류수는 15ppm 정도이다. 법정기준은 현재 10ppm 으로 정해져 있다. 상수원1급의 경우는 1ppm 이하이다. 물의 용도에 따라 다른 기준이 정해져 있다. 선진국들이 이보다 약간 적은 방류수 수준을 가지므로 우리나라도 앞으로 점차 법정기준을 줄이려고 노력하고 있다.

물 재생센터에서는 우선 하수와 함께 유입된 흙, 돌 등과 음식물 찌꺼기 등을 거르는 침사지Grit chamber(큰 물질을 거르는 갈고리 같은 장소)를 거친 후 최초침전지Primary sedimentation basin에서 하수를 일정 시간 동안(2시간 정도) 머물게 한 후, 물에 가라앉는 물질과 물에 뜨는 물질을 하수로부터 분리하여 없앰으로써 흘러 들어온 하수의 BOD와 물에 떠있는 유기물을 30-35% 정도 제거하게 된다(그림 4). 이후에는 하수를 포기조aerator(인위적으

그림 5 포기조. 하수에 산소를 공급해 줌으로써 호기성 미생물의 유기물 분해를 돕는다.

로 산소를 불어넣는 탱크)로 이동시켜 하수에 산소를 공급해 줌으로써 산소를 이용하여 유기물을 분해하는 호기성 미생물들이 하수 중의 유기물과 오염물질 등을 먹이로 섭취하게 된다.

이러한 과정에서 유기물과 무기물, 미생물이 결합되어 활성 슬러지 또는 활성 오니activated sludge라는 것을 만들게 된다(그림 5). 다시 말하자면 활성 슬러지는 미생물을 포함한 유기물, 무기물의 덩어리이다. 슬러지 안에 살아 있는 미생물들이 존재하기 때문에 "활성 슬러지"라고 불린다. 슬러지 덩어리의 크기는 1㎛(10^{-6}m)보다 적은 것에서 큰 것으로는 1,000㎛ 혹은 그 이상인 것도 있다. 활성 슬러지 안의 미생물 중에 어떤 미생물은 죽어 있고 어떤 미생물은 살아 있다.

살아 있는 세포는 전체 세포 수의 5-10%를 구성하는 것으로 알려져 있다. 살아 있는 이들 세균이 주로 포기조 안에서 잘 적응하면서 유기물 분해의 주도적인 역할을 하는 미생물들이다. 활성 슬러지 안에는 다양한 원핵생물(핵이 없는 생물, 세균, 바이러스 등)과 진핵생물(핵이 있는 생물, 곰팡이, 원생동물 등)이 있지만 세균bacteria이 주된 미생물이다. 쉽게 관찰되는 세균으로는 슈도모나스*Pseudomonas*, 코모모나스*Comomonas*, 플레이보박테리움*Flavobacterium*,알카리젠*Alcaligenes*, 바실러스*Bacillus*, 아크로모박터*Achromobacter*, 코리네박테리움*Corynebacterium*, 브레비박테리움*Brevibacterium*,아시네토박터*Acinetobacter* 등이 있는데, 곰팡이fungi(균류)는 가끔 활성 슬러지에서 관찰되지만 활성 슬러지는 곰팡이 증식에 적합한 환경이 아니기 때문에 많이 존재하지는 않는다. 그러나 과학자들은 아직도 슬러지 안의 미생물의 분포와 어떤 미생물이 정말 중요하게 유기물 및 오염물질 분해에 작용하는지에 대하여는 정확하게 모르며 이에 대한 연구가 진행되고 있는 실정이다. 활성 슬러지는 유기물과 오염물질에 대한 흡착력이 강하며 포기조의 유기물과 오염물질은 활성 슬러지 안의 미생물에 의하여 분해되고 흡착되어 감소하게 되는 것이다. 이러한 활성 슬러지는 후에 2차 침전지에서 가라앉게 되고 이 중 일부(30% 정도)는 다시 포기조로 반송되고 나머지 일부는 농축조로 보내지고 처리된 물은 강으로 방류하게 된다. 슬러지를 포기조로 반송하는 이유는 이미 형성된 활성 슬러지 안에 이러한 환경에서 이미 적응하고 활성이 강한 미생들이 존재하기 때문에 이것 들을 다시 사용함으로써 시간을 단축시킬 수 있기 때문이다. 아마도 슬러지를 다시 쓴다는 것이 이러한 생물학적 하수처리에서 가장 중요한 포인트라고 할 수 있다. 이후에 농축조sludge thickener에서는 하수처리 과정에

그림 6　슬러지 농축조. 하수처리 과정에서 발생하는 슬러지를 장기간 보관하여 가라앉게 함으로써 부피를 감소시킨다.

서 발생하는 하수를 제외한 슬러지(고체 덩어리)를 가만히 장시간 가만히 두면 가라앉게 되는데(그림 6). 이렇게 부피를 감소시킨 슬러지는 소화조sludge digester로 이동하게 된다.

소화조는 밀폐된 탱크로 되어 있으며 슬러지의 온도를 35℃ 정도로 높여 섞어 주면 슬러지 안의 혐기성 미생물의 작용으로 슬러지 안의 각종 남은 유기물질과 오염물질을 분해하게 된다. 이때 혐기성 미생물의 작용으로 메탄가스, 황화가스 등이 나오는데 이는 다시 소화조의 탱크 온도를 높이는 데 사용하게 된다. 현재 환경공학연구에서는 혐기성 미생물의 작용으로 발생되는 메탄가스를 더욱 효과적으로 이용하려는 연구를 많이 하고 있다. 모든 처리과정을 마친 슬러지는, 가정에서 빨래한 후 세탁기가 탈수하는 것과 같은 탈수기sludge dewatering equipment를 통과하면서 부피와 무게가 더욱 감소하게 되고 이를 운반하여 현재는 수도권 매립지에 매립하게 된다. 현재 전국에서 공사 중인 고도처리시설Advanced treatment facility이 모두 완공되면 활성 슬러지 방법을 개선하여 유기물뿐만 아니라 질소, 인을 효과적으로 제거할 수 있는 있어 방류수질이 훨씬 개선될 것으로 전망된다. 활성 슬러지법의 포기조와 침전조에서는 온도, 햇빛과 같은 환경요소와 길항미생물(병원균을 죽이는 미생물)의 작용에 의하여 병원균이 죽을 수 있고 슬러지가 형성되는 과정에서 병원미생물(세균, 바이러스 등)들도 함께 슬러지 덩어리를 이루며 후에 침전조에서 슬러지가 침전되기 때문에 방류되는 물에는 병원균이 그다지 존재하지 않게 된다. 하지만 더욱 완벽한 병원균 처리를 위하여 방류시키기 전에 염소chlorine, 오존ozone, 자외선UV 등의 처리한다. 가끔 수돗물을 틀거나 하면 냄새가 날 때도 있는데 이 역시 병원균을 죽이기 위해 상수도도 염소처리를 하기 때문이다. 염소 처리한 물이 건강에 좋지 않다는 과학적 보고가 나오고 있어 현재 다른 방법으로 상하수도를 소독하려 하고 있다.

복잡하고 돈이 많이 드는 하수처리 비용을 줄이기 위해서는 사실 각자가 가정에서 세제 사용을 줄이고, 샤워 시간 줄이고, 양치질 할 때도 물을 아껴 쓰고, 음식물 남기지 않는 등, 작은 노력이 모아져야만 가능하다. 우선 부엌에서는 기름기 묻은 그릇은 물로 바로 씻는 것이 아니라 신문지 등으로 한번 닦거나 남은 식용유도 신문지 등에 적서 쓰레기통에 버리면 수질 오염을 줄일 수 있다. 채소를 씻을 때에도 물을 그릇에 담아 씻으면 수도꼭지를 틀고 사용할 때보다 10분의 1 정도 절약이 된다고 한다. 세탁물은 최대한 모아서 함께 세탁하도록 하고 세제는 가급적 적게 쓰고 천연세제를 사용하도록 한다. 샤워나 목욕 시에도 샴푸와 린스를 적게 쓰는 것이 좋다. 샴푸와 린스 등은 잘 분해되지 때문에 물을 오염시킨다. 만약 많은 양을 사용할 경우 헹구는 데에도 많은 물을 쓰는 게 좋다. 최근 뉴스에서도 많이 나왔지만 마시다가 버린 우유 한 잔, 또는 버린 소주 한 잔을 정화하기 위해서는 그보다 2만 배-3만 배가량 많은 깨끗한 물이 필요하게 된다.

폐수처리 이외에 미생물의 다양한 유기물 분해능력을 이용한 환경공학 분야가 생물학적 정화bioremediation 분야이다. 지구상에는 수많은 다양한 미생물이 존재하고 이들은 진화하면서 다양한 효소를 유전체 안에 지니고 있어 자연에 존재하는 동식물과 같은 생물들이 만들어 내는 물질과 인간이 인위적으로 만들어 낸 물질 등 지구상의 거의 모든 물질을 분해할 수 있다고 해도 과언이 아니다. 미생물들은 이와 같은 물질분해를 통하여 에너지를 얻고 생체량을 증가시킨다. 특히 오염물질은 인간의 건강과 생태계에 커다란 영향을 주기 때문에 물 또는 토양환경 내의 오염물질의 정화는 환경공학의 주된 이슈 중 하나이다. 이와 같은 분해를 통하여 이산화탄소 또는 메탄, 수소가스 등이 생산물로 나올 수 있기 때문에 앞에서 다룬 탄소순환과정과 다음 장에서 다룰 에너지생산은 밀접한 관계가 있다. 일반적으로 인간이 만든 화합물은 자연에서 분해가 느리기 때문에 인위적으로 환경조건을 바꾸든가 아니면 미생물을 투여하여 촉진하려는 시도를 하고 있다. 이와 같은 생물학적 정화는 화학적 또는 물리적 정화와 비교하여 자연친화적이며 자연을 훼손하지 않는 것은 물론 경제적으로도 저렴하기 때문에 예전부터 각광받고 있다. 하지만 일반적으로 미생물을 이용한 생물학적 정화는 느리게 진행되고 예측하기 어려운 단점이 있다. 정화사업을 시행하는 업체나 관계자들은 무엇보다 항상 빠른 정화를 원하기 때문에 생물학적 정화보다는 물리적이거나 화학적인 방법을 선호하는 경향이 있다. 최근 친환경문제가 중요한 사회문제로 떠오르면서 서서히 생물학적 정화에 대한 관심도 더 높아지고 있는 상황이다.

일반적으로 생물학적 정화는 오염된 토양이나 물 환경에 특별한 처리를 하지 않아도 일어난다. 미생물은 토양, 물 등 모든 환경에 존재하고 당연히 관심 있는 오염물질을 분해하는 미생물들이 같이 존재하고 있을 것이기 때문이다. 이와 같이 현장에 존재하는 미생물에 의존하여 별다른 조치를 취하지 않는 처리를 자연저감natural attenuation이라고 한다.[5] 아무런 것도 하지 않기 때문에 경제적으로도 전혀 부담이 없으며 상당히 수동적인passive 처리과정이다. 하지만 자연환경의 조건이 좋지 않으면 엄청나게 느리게 진행되며 실제 추운 겨울에는 과정이 전혀 진행되지 않을 수 도 있기 때문에 기업이나 정부에서 그다지 선호하지 않는다. 단지 인간의 활동 지역과 멀리 있고 신속한 처리를 하지 않아도 된다면 고려할 수 있는 처리과정이다. 미국 정부의 경우 대부분의 오염 지역이 인간의 보건에 큰 영향을 미치지 않는 지역이기 때문에 자연저감을 선호하고 있다. 하지만 한국의 경우에는 토지가 부족하고 많은 환경이 인간의 활동과 밀접하게 연관되어 있어 자연저감을 하기에는 부적합할 때가 많다. 이러한 경우 미생물들이 좀더 잘 생장하고 활동을 할 수 있도록 영양분을 공급한다. 주로 질소비료와 인phosphate비료를 공급한다. 경우에 따라서는 계면활성제나 산소를 공급하여 더욱 빨리 오염물질이 분해되도록 유도할 수도 있다. 많은 경우에 오염분해를 더욱 촉진하기 위하여 오염물질의 특이적 분해효율이 좋은 미생물도 함께 현장에 공급할 수도 있다. 현장공급보다 더욱 효과적 생물학적 오염저감은 토양과 물을 다른 곳으로 이동하여 온도조절과 산소공급 등을 동반한 미생물학적 처리이지만 비용이 만만치 않다. 특히 여러 매체를 통하여 우리가 접하는 오염사고는 주로 해양유류오염이다. 유조선의 파손으로 인한 유류의 해양유입이 해양생태계는 물론 수산업 종사자들에게 엄청난 피해를 초래한다. 유류분해미생물 군집은 실제 해양에서 일반적으로 우세한 군집이 아니다. 하지만 유류가 유입되면 그들의 수가 엄청나게 늘어나게 되어 우세하게 된다. 토양오염에서처럼 해양오염에 미생물이나 영양분을 살포하기에는 현실적으로 어렵다. 투입된 제제들이 해양에서 흩어지고 희석되기 때문에 효과를 보기 어렵다. 언론에 많이 보도되는 것처럼 일단 유류가 해양에 유입되면 미생물제제나 영양분보다는 분산제dispersant를 살포하게 된다. 해양에 존재하는 미생물들이 더 잘 흡수하고 분해할 수 있게 또한 해양 바닥에 가라앉게 하기 위해서 분산제를 살포한다. 최근 분산제가 환경에 미치는 독성 때문에 이 또한 큰 이슈가 되고 있다.

환경공학의 또 다른 큰 이슈가 부식corrosion이다.[6] 부식이 경제적으로 우리 사회에 미치는 영향은 엄청나다. 실제 국민총생산의 4%가 부식으로 인해 없어지고 특히 가스배관 부식의 70% 이상이 미생물로 인한 것으로 알려져 있다. 부식은 과학적으로 쉽게 말하면 금속의 표면이 전자를 잃어버리면 변하는 것이다. 물과 접촉한 금속은 산소 존재하에 부식되는데 금속의 전자가 산소로 전달되게 되면 부식이 일어나게 된다. 이러한 부식은 환경의 pH가 중성일 때 빠르게 일어난다. 금속의 이러한 산화는 부식이 진행되면 부식물질이 표면에 쌓이기 때문에 산소의 투과가 비효율적으로 진행되고 부식이 진행되면서 산성이 되기 때문에 느리게 진행되지만 산성조건에서도 미생물의 존재하에 더욱 촉진될 수 있다. 산소 존재하의 부식보다는 최근 산소가 없는 조건, 즉 혐기적 조건의 부식이 미생물에 의해 초래된다는 것이 보고되었다.[6] 특히 황산염환원세균sulfate reducing bacteria에 의해 환원된 황과 철이 반응하여 이러한 부식과정을 더욱 촉진시킬 수 있다. 이러한 부식과정을 억제하기 위하여 미생물이 금속의 표면에 붙지 않게 코팅하는 기술이 활발하게 연구되고 있다. 산소가 존재하든 하지 않든 미생물이 금속의 표면에서 바이오필름biofilm을 생성하고 성장하게 되면 부식이 초래되기 때문에 이들이 금속표면에 붙는 것을 억제하는 것이 부식을 막을 수 있기 때문이다.

금속뿐만이 아니라 다양한 표면에서의 미생물의 활동이 재료 자체의 특성을 바꿀 수 있기 때문에 문제가 되고 있다. 우리 주변의 빌딩과 같은 건축물 또는 역사적 유적물 등의 표면이 미생물의 대사활동으로 재료 자체가 변화하여 다시 돌아올 수 없는 형태로 바뀔 수 있다. 이러한 과정을 생물열화biodeterioration라고 한다.[7] 열화는 정상보다 못하게 또는 좋지 않게 변해 버린다는 뜻인데 미생물과 같은 생물학적 열화뿐만이 아니라 대기 중의 오염물질에 의해서도 촉진될 수 있다. 오염물질의 화학물질과 건축물, 유적물들이 반응해서 일어날 수 있다. 외관상으로만 좋지 않게 되는 것이 아니라 강도도 감소하여 오래 지속될 경우 붕괴될 수도 있다. 세균, 조류algae, 곰팡이, 지의류lichen 등이 이러한 재료들의 표면에서 생장할 수 있기 때문에 재료의 표면을 손상시키게 된다. 미생물의 생장으로 인하여 여러 대사물질이 분비되게 되고 특히 분비된 산성물질들은 무기물을 녹여 내어 빗물에 의하여 씻겨 나가게 된다. 황산화세균에 의해서 황산sulfuric acid과 질산화세균에 의해 질산nitric acid 등이 만들어지기 때문에 칼슘과 같은 무기물을 녹여 내게 된다. 시멘트 또한 알칼리성이기 때문에 산성물질의 생산은 시멘트 붕괴를 가져올 수 있다. 빌딩 같은 건물이나 유적물들의 생물학적 열화를 일으키는 미생물들을 보면 많은 경우 광합성 능력이 있는 미생물들이다. 시안세균cyanobacteria, 조류, 지의류 등이 그러하다.[7] 건축물의 표면에는 탄소원이 대부분 존재하지 않기 때문에 대기 중의 탄소원인 이산화탄소를 소비하면서 생장하고 대사과정을 유지할 수 있기 때문이다. 지의류는 곰팡이와 광합성 생물이 상호작용을 하는 복합생물이다.

건축물의 경우 생물학적 열화로 인한 피해를 막기 위하여 이들 미생물의 생장을 억제하고 빗물과 같은 물기의 존재를 막기 위한 공법을 고려하려고 노력하고 있다. 다른 소재를 혼합 사용하든지 미세한 공극을 막아 미생물 및 빗물의 침투를 막으려는 시도를 하고 있다. 미세한 공극을 통한 빗물의 유입은 철근콘크리트로 되어 있는 많은 건축물의 부식을 초래할 수 있다. 빗물을 통하여 미생물도 같이 유입될 수 있고 앞에서 설명한 부식과정이 건축물 내부에서 일어날 수 있기 때문이다. 최근 미생물의 라임스톤과 같은 석회암 형성 능력을 이용하여 이러한 공극을 막으려는 연구가 진행 중이다. 앞의 6장에서 이미 설명하였지만, 스스로 자랄 수 있는 미생물을 시멘트 양생과정에서 혼합하여 투여함으로써 향후 재생된 미생물이 공극에서 자라면서 탄산칼슘을 축적하여 공극이 저절로 막힐 수 있게 하려는 것이다. 양생하면서 나오는 열을 견디기 위해서는 높은 열에도 잘 견딜 수 있는, 즉 포자를 형성할 수 있는 세균의 사용이 적절하다. 포자형성 세균의 경우 휴면상태로 고온고압에서도 잘 견딜 수 있기 때문에 양생과정에서 살아남으면 향후 휴면을 깨고 탄산칼슘을 축적할 수 있기 때문이다. 아직 현장에서 활발하게 사용되고 있지 않지만 과학자들은 머지않아 미생물을 이용한 건축물 손상복구의 일도 가능하다고 생각하고 있다. 건축물과 유적물에 손상을 주는 미생물이 생존하지 못하도록 하는 것이 궁극적으로 중요하다. 항생제antibiotics나 효소enzyme 또는 다양한 살균작용을 하는 화학물질을 이용하는 방법이 있지만 효율성과 경제성이 떨어지는 것은 물론 재료 자체에 2차적인 피해를 줄 수 있는 것이 사실이다. 다른 방법으로는 천적을 이용할 수도 있다고 한다. 곰팡이를 먹는 천적곤충을 이용할 수도 있을지 모른다. 물리적인 방법으로 UV와 같은 살균하는 빛을 이용하는 방법이 있지만 투과율이 낮아서 효율성이 떨어진다고 한다. 실제 가장 많이 사용하고 있는 방법이 인간의 힘을 이용하여 직접 제거하는 것이다. 지속적으로 해야 하는 어려움이 있지만 2차 피해를 주지 않는 화학물질을 이용한 인간의 직접제거만이 현재 유용하게 사용되고 있다. 향후에는 재료 자체를 보완하는 것이 가장 중요하다고 할 수 있겠다.

광산에서 금속의 회수에도 미생물이 연관되어 있다. 광산에서의 금속회수는 일단 많이 아는 것처럼 채광이라는 물리적인 작업을 통하여 채취한다. 하지만 채광작업이 계속 진행되면서 마지막까지 암석의 표면에서 미량의 금속을 채취하기는 상당히 어렵다. 면적이 넓기 때문에 이렇게 남은 금속만 채취해도 상당량을 회수할 수가 있게 된다. 채광을 영어로 mining이라고 하면 미생물을 이용한 채광을 biomiming 또는 bioleaching이라고 한다.[8] 현장에서 할 수도 있지만 암석들을 모아 다양한 크기의 반응조에 넣어 할 수도 있다. 많은 금속은 산성조건에서 용해도가 증가하며 일반적으로 강산을 넣어주면 용해도가 증가하여 금속이 녹는 것을 볼 수 있다. 미생물 대신에 화학물질을 처리하여 산성조건을 만들어도 마찬가지 효과를 얻을 수 있지만 자연친화적인 조건이 아니며 화학물질을 사용하기 때문에 경제적으로 부담되고 2차 독성물질 유발 등의 문제가 야기되기도 한다. 일부 미생물들은 다양한 금속과 상호작용을 한다. 심지어 이러한 상호작용이 이들의 에너지를 얻는 과정이 되기도 한다. 이들 미생물의 작용을 통하여 환경이 산성조건이 되면 금속은 물에 녹은 형태로 변하게 되고 물에 녹은 금속은 일단 모으기가 쉽게 된다. 산성조건에서는 화학적으로 일어나는 금속의 산화가 더 이상 지속될 수 없지만 미생물 중에는 산성조건에서도 이러한 일들을 계속 진행하는 미생물들이 있다. 금속이 녹아 있는 물은 다시 모아서 금속을 환원시키는 과정을 통하여 다시 고체 상태의 금속으로 전환할 수 있다. 인위적이 아닌 자연현상에서도 이러한 일이 일어나는데 흔히 산성광산배수acid mine drainage라고 일컫는 현상이다. 산성광산배수가 일어나는 지역의 광물에 따라 물의 색깔이 달라지게 되는데 보통 적색의 물이 되면 철이 많이 녹아 있는 상태로 철광산 주변에서 일어나게 되게 흰색의 경우 알루미늄광산에서 보이는 물의 색깔이다. 이러한 자연현상으로 인한 광산배수가 환경에 적절한 처리 없이 유입되면 자연생태와 인간의 보건에 심각한 결과를 초래할 수 있다. 광산배수의 환경유입을 막고 적절한 처리를 해야 한다.

우리가 그동안 전자제품을 폐기할 때 아깝다거나 또는 다시 부품을 활용할 수 없을까 하는 생각을 하며 폐기한 기억이 있을 것이다. 이와 같은 생각에서 실제 실행에 옮겨지고 있는 분야가 있다. 최근 도시광산urban mining이라는 용어들이 과학계나 방송 등의 언론 매체에 자주 소개되곤 한다. 말 그대로 우리가 알고 있는 깊은 산속의 광산이 아닌 우리가 살고 있는 도시 안에서의 금속회수를 도시광산이라고 부르고 있다. 우리가 사용하는 다양한 전자제품 등에는 다양한 금속이 함유되어 있다. 특히 복잡한 회로기판은 금으로 도금되어 있는 경우가 많다. 때문에 폐전자제품과 폐핸드폰에는 금의 함량이 높은데 금 이외에 은, 팔라듐, 로듐, 구리, 코발트 등이 들어 있다고 한다. 폐전자제품에서 이들 금속들만 잘 회수하여도 굳이 광산에서 채광할 필요가 없다. 광산에서보다 더 많은 금속을 도시 안의 폐전자제품에서 얻을 수 있을지도 모른다. 외국에서는 폐전자제품의 회수와 이에 따른 금속의 회수율이 높은 반면 우리나라의 경우 절반에도 미치지 못하는 실정이라고 한다. 폐핸드폰의 경우 한 대에서 삼천 원에서 오천 원 사이의 금속을 회수할 수 있다고 하니 버려지는 오래된 핸드폰을 잘 관리하면 엄청난 국가의 재정을 확보할 수 있을 것이다. 버려지는 핸드폰이 일천오백만 대 정도 이상이라고 하니 계산해 보면 50조 원에 육박하는 재정을 확보할 수도 있는 것이다. 2017년도 한국 정부의 예산이 400조 정도이고 환경 관련 수조 단위의 예산이 들어간다고 하니 실로 놀라운 금액이 아닐 수 없다. 도시광산 관련 산업과 기술의 확보가 더 진행되어야 한다. 최근 지식경제부에서 도시광산의 금속회수 방법의 표준화와 함량분석 방법을 구체화하려는 시도를 하고 있어 앞으로 도시광산은 우리 주변에서 일어나는 흔한 일일 것이다. 도시광산의 금속회수에서 지금까지는 시간단축 등을 이유로 화학적인 방법으로 위에 언급한 광산에서의 방법과 비슷하게 회수하는 일들을 하고 있지만 자연친화적인 방법을 선택하다 보면 훗날에는 미생물을 이용한 도시광산 금속회수가 진행될 것으로 보인다.

용어 설명

생물학적 산소요구량(Biological oxygen demand) 물 환경의 유기물이 호기성 미생물에 의하여 산화되어 분해될 때 소비되는 용존산소의 양(mg/L)으로 오염도를 나타내는 지표.

지표미생물(indicator microorganism) 폐수 안의 병원균의 수를 알아보기 위해 병원균이 아닌 일반적인 대장균과 같은 균의 수를 측정하여 현재 폐수가 어느 정도 미생물에 의해 오염되었는지를 가늠하는 지표가 되는 미생물.

생물학적 정화분야(bioremediation) 미생물, 식물 등을 이용하여 오염된 토양을 정화하는 방법으로, 오염물질을 분해하기 위하여 생물이 잘 생장하는 환경을 만들어주는 방법(biostimulation)과 생물 자체를 투여하는 방법(bioaugmentation) 등을 사용하는 정화의 한 방법.

자연저감(natural attenuation) 화학, 물리, 생물학적 과정에 의해 아무런 처리를 하지 않아도 환경의 오염이 줄어드는 현상.

산성광산배수(acid mine drainage) pH가 낮은 광산수로, 산성인 이러한 조건에서 다양한 광물질이 용해되어 물에 녹아 흐르는 상태로, 철이 녹아 있으면 붉은 색을 알루미늄이 녹아 있으면 흰색을 가지는 등 녹아 있는 광물질에 따라 서로 다른 색을 가지는 광산수.

주

1. Stewart, E. J. Growing unculturable bacteria. *J Bacteriol* 194, 4151-4160 (2012)
2. Wojnowska-Baryla, I., Cydzik-Kwiatkowska, A. & Zielinska, M. The application of molecular techniques to the study of wastewater treatment systems. *Methods Mol Biol* 599, 157-183 (2010)
3. McKeown, R. M., Hughes, D., Collins, G., Mahony, T. &

O'Flaherty, V. O. Low-temperature anaerobic digestion for wastewater treatment. *Curr Opin Biotechnol* 23, 444-451 (2012)

4. Santo Domingo, J. W., Bambic, D. G., Edge, T. A. & Wuertz, S. Quo vadis source tracking? Towards a strategic framework for environmental monitoring of fecal pollution. *Water Res* 41, 3539-3552 (2007)
5. Vogt, C. & Richnow H. H. Bioremediation via *in situ* microbial degradation of organic pollutants. *Adv Biochem Eng Biotechnol* 142, 123-146 (2014)
6. Kato, S. Microbial extracellular electron transfer and its relevance to iron corrosion. *Microb Biotechnol* doi: 10.1111/1751-7915.12340 (2016)
7. Scheerer, S., Ortega-Morales, O. & Gaylarde, C. Microbial deterioration of stone monuments--an updated overview. *Adv Appl Microbiol* 66, 97-139 (2009)
8. Martinez, P., Vera, M. & Bobadilla-Fazzini, R. A. Omics on bioleaching: current and future impacts. *Appl Microbiol Biotechnol* 99, 8337-8350 (2015)

8장 에너지, 경제 그리고 미생물

에너지 문제는 단연코 앞으로 미래사회의 제일 큰 이슈이다. 석유가 고갈되면 어떤 대체에너지를 사용하여야 할까? 이에 대하여 고민을 해 보지 않은 사람이 없을 정도로 평소에도 관심이 많을 것으로 생각된다. 최근에 셰일가스shale gas라고 하여 뉴스에 자주 오르내리는 용어가 있다. 해양의 퇴적층에서 더 깊이 들어간 암석에 포함된 천연가스로 이를 이용하면 에너지원으로 사용할 수 있기 때문에 미국을 비롯한 각국에서 관심이 많다. 실제로 미국의 넓은 지역에 걸쳐 셰일가스가 분포한다고 한다. 셰일가스의 상업화와 이란과의 무역이 풀려 이란이 석유를 공급함에 따라 최근 석유가격이 하락하였다. 실제로 예전에 배럴당 100달러가 넘는 석유가격이 2017년 현재 50달러 정도이다. 셰일가스의 확인된 매장량을 다 합치면 전 세계 인구가 60년간 사용할 수 있는 양이라고 하니 어찌 보면 다행이다. 셰일가스 이야기를 들었을 때 암석층에서 가스를 빼내고 나면 암석의 기반이 문제가 되어 지구 암석의 붕괴가 오지 않나 걱정을 했었다. 전문가에게 물어보니 셰일가스를 빼면서 암석 붕괴를 막기 위해 흙과 물 등을 채워 넣는 다고 한다. 하지만 비전문가인 필자가 생각할 때 뭔가 큰 문제가 생기지 않을까 걱정이 되긴 한다. 퇴적층과 암석에서 계속 석유와 셰일가스를 빼내면 엄청난 지구 변화를 초래하지 않을까 하는 두려움이 없지 않다. 최근에 이러한 셰일가스의 이용에 대해 부정적인 시각도 많다. 셰일가스의 이용이 현재 우려되고 있는 지구온난화를 더 가속화할 것이라는 걱정 때문이다. 미국이 주도적으로 셰일가스 생산을 하고 있고, 캐나다, 중국, 유럽이 가세하면서 예전에 석유 수출국인 중동의 위상이 많이 약해졌다. 미국의 셰일가스 생산량과 석유생산량이 많아지면서 중동에서 수입하는 물량이 적어지고 이것이 석유가격을 많이 하락시켰다고 한다. 현재 원유 생산량 2위, 천연가스 생산량 1위가 미국이다.

미생물은 진화하면서 다양한 지구상의 어떤 생물보다도 많은 유전자를 보유하고 있기 때문에 우리가 생각할 수 있는 거의 모든 물질을 생산할 수 있을 것으로 생각된다. 특히 에탄올, 디젤 성분, 수소, 전기, 메탄가스 등 에너지로 이용할 수 있는 많은 화학물질의 생산을 위해 미생물이 이용될 수 있다. 미래 에너지원의 생산에 미생물학이 많은 기여를 할 수 있는 것이다. 아직까지 에탄올과 바이오디젤biodiesel 이외에는 생산량이 많지 않기 때문에 상업화되지 않았지만 앞으로 기술의 진보를 통하여 가능하리라고 생각된다. 현재 거의 대부분의 미국 가솔린에는 에탄올이 10%가 들어 있다. 대부분 옥수수 발효로 얻은 에탄올이지만, 발효를 하기 위한 효소 생산에 미생물이 사용된다. 최근 미생물을 이용하여 석유의 가장 기본물질인 탄화수소 작은 분자를 합성하는 일이 《네이처》에 소개된 바 있다.[1] 대장균을 이용하여 가솔린의 기본물질 중 아주 작고 간단한 알칸alkane의 합성에 성공한 것이다.[1] 유류diesel를 분해하는 일들은 앞에서 언급한 생물정화 분야에서 많이 시도되고 소개되었지만 유류의 기본물질을 생산한 일은 보고된 바 없기 때문에 획기적이라 생각되어 세계적인 저널에 소개된 것이다. 미생물을 이용하여 석유를 생산하고자 하는 시도이지만 이러한 일을 가능하게 하려면 앞으로 연구해야 할 일이 너무 많이 산재되어 있다. 미생물을 이용하여 미래 에너지원을 생산하려는 시도는 세계 각국의 과학자들에게 매우 매력적인 과제임에 틀림이 없다. 다른 연구주제에 비해 연구비 규모도 상당하며 많은 수의 과학자들이 진행하고 있다.

과학계에서는 예전부터 미생물 또는 미생물의 효소를 이용하여 분해가 되지 않는 유기물질을 분해하면서 결과물로 에너지를 얻으려는 시도를 해 왔다. 그중 가장 대표적인 것이 에탄올ethanol이다. 에탄올 발효는 우리가 생각할 수 있는 것처럼 과거에서부터 술을 담그는 일로 인해 익숙한 분야이며 과학적으로 잘 정립이 되어 있다. 효모를 이용한 에탄올 발효는 생산량을 어떻게 늘릴 수 있는지에 대한 연구가 아직도 진행되고 있다.[2] 특히 에탄올에 저항성을 가지는 효모를 개발하여 고농도의 에탄올에 저항성을 가지게 하는 것이다. 이것이 가능해지면 발효과정에서 효모가 사멸되는 것을 방지할 수 있다. 바이오에탄올은 주로 곡물에서 얻은 당을 이용한 1세대 바이오매스biomass 에너지기술이다. 1세대 바이오매스 중 당 함량이 높은 옥수수, 사탕수수 등은 바이오에탄올 생산에 이용되고 있고 기름 함량이 높은 유채유, 팜유, 대두유 등은 바이오디젤 생산에 이용되고 있다. 바이오디젤의 경우 곡물에서 기름을 수확한 후 화학적 전환을 일부 하여 디젤로 전환하는 것이다. 최근에는 목질계 바이오매스, 특히 식물의 셀룰로오스를 분해하여 당을 만들고 이를 다시 발효하여 에탄올을 만드는 기술, 즉 2세대 바이오매스 이용 에너지개발이 한창 진행되고 있다.[3] 더 최근에는 조류를 이용한 3세대 바이오매스 에너지개발이 시도되고 있다. 셀룰로오스cellulose 등을 이용한 식물바이오매스를 전환하여 에탄올을 생산하는 과정은 그리 어렵지 않다. 이들의 분해과정에서 나오는 셀룰로오스의 기본골격인 포도당glucose까지 얻어 내면 그 이후의 과정은 술을 만드는, 다시 말해 에탄올을 생산하는 일과 동일하다. 우리 주변에는 식물바이오매스 이외에 포도당과 비슷한 당을 골격으로 가지는 바이오매스는 다양하다. 또한 포도당 이외의 다양한 유기성 폐기물을 이용하여 포도당으로 전환 후에 에탄올을 만들거나 아예 이들을 발효하여 에탄올을 만드는 일들이 진행되고 있다. 또한 바이오매스의 포도당 전환 그리고 포도당의 에탄올 발효, 이러한 일련의 두 과정을 어떻게 단일과정으로 만들 수 있는지에 대한 연구도 활발히 진행되고 있다. 두 과정이 합쳐지면 시간적, 공간적, 경제적으로 파급효과가 클 것으로 기대되고 있다.

최근에는 우리가 먹는 곡물을 이용한 포도당 생산과 에탄올 생산에 대한 비판의 소리가 높다. 지금까지 주로 옥수수를 이용하여 포도당 생산을 하였는데 식량자원인 옥수수를 사용하는 것에 대한 비판인 것이다. 아프리카와 같은 세계 각국에서 식량난을 호소하고 있고, 특히 중국과 인도의 인구증가로 인해 옥수수의 수요가 급등하면서 가격이 상승하기도 하는 터라 이러한 곡물 자원을 에탄올생산에 사용하는 것에 대한 비판이 있다. 또한 옥수수를 재배하면서 파생되는 여러 가지 생태적 피해에 대한 심각성이 대두되고 있다. 유전자변형[GMO] 옥수수 재배를 통한 생태계 교란에 대한 문제, 옥수수 재배를 늘리기 위한 산림생태계의 파괴 또는 다른 농작물의 경작지 자체의 감소 문제, 옥수수의 재배속도를 느리기 위한 비료의 살포 및 병충해 방지를 위한 농약의 대량 살포 등 다양한 생태 환경적 문제가 야기되고 있다. 하지만 아직까지 가장 효율적인 대체 작물이 없는 시점에서 옥수수를 이용한 에탄올 생산은 계속되고 있다. 미국의 경우 옥수수 생산량의 10% 정도만이 식량으로 사용되고 있고 40% 이상을 에탄올 생산에 사용하고 있다고 한다. 나머지 분량은 가축의 사료 등의 수출 목적으로 재배하고 있다. 브라질의 경우에는 예전부터 바이오에탄올 생산에 관심이 많아서 지속적으로 생산하고 사용한 결과 현재 연료의 40%를 바이오에탄올이 대체하고 있다고 한다. 한국의 경우에도 엄청난 양의 에탄올 생산을 하지만 대부분 식용이고 산업용으로는 단지 8% 정도만 사용하고 있다고 한다. 미국에서 추진하는 신생에너지 혼합의무화에 따라 바이오에너지 10% 이상을 기존 에너지 연료에 혼합하여야 하기 때문에 앞으로 점점 늘어날 계획이지만 우리나라의 경우 옥수수 원료 자체를 수입하기 때문에 경제성이 그리 크지 않다. 그럼에도 불구하고 이러한 바이오매스의 전환과 관련된 미생물학적 연구는 앞으로도 계속 진행될 전망이다.

셀룰로오스를 효과적으로 분해하는 셀룰로오스 분해효소의 개발과 이러한 효소를 보유한 미생물의 확보와 관련된 연구가 활발히 진행되고 있다. 목질계 바이오매스의 30-40%나 차지하고 있는 리그닌lignin의 분해 관련 연구도 중요한데 아직까지 효과적인 리그닌 처리기술이 개발되지 않고 있다. 분해도 어렵고 전환도 어렵기 때문에 이를 극복하지 못하면 앞으로 계속적으로 목질계 바이오매스 이용 전망은 어둡다고 할 수 있고 일부 과학자들은 목질계 바이오매스의 효과적인 이용과 미생물학적인 전환의 어려움 등과 관련하여 전체적으로 목질계 바이오매스에 대하여 부정적인 의견을 많이 내놓고 있다. 바이오에탄올뿐만 아니라 최근에는 바이오부탄올biobutanol 생산에도 관심이 높다. 바이오에너지로서의 부탄올뿐만 아니라 부탄올의 경우 코팅제, 접착제, 잉크, 용제 등의 다양한 화학합성물질의 전구체로 사용될 수 있기 때문에 세계 각국에서 차세대 바이오 생산물질로 각광을 받고 있으며 생산에 대한 연구도 활발하게 진행되고 있다. 부탄올의 화학적 특성상 부탄올은 현재 사용하고 있는 휘발유와 섞어서 바로 사용할 수 있기 때문에 따로 차량 개조 등을 할 필요가 없으며 운송과 수송, 저장에도 용이하다.

따라서 3세대 바이오매스인 미세조류microalgae에 대한 관심이 높다.[4] 최근 주요 언론과 논문에 미래 에너지원인 미세조류를 이용하면 전 세계의 에너지문제를 해결할 수 있다는 분석보고가 나왔다. 미세조류가 생산하는 단위면적당 에너지량은 앞의 옥수수나 대두 그 무엇보다도 많다고 한다. 최근 미국, 중국 등의 거대 국가들도 자신들의 국가 에너지의 30%를 미세조류가 담당할 수 있을 것이라는 예측도 나왔다. 조류의 경우 수중생태계에서 생존하기 위하여 광합성을 한다. 조류에는 미역, 다시마 같은 우리가 음식으로 섭취하는 거대조류가 있는 반면 클로렐라, 스피루리나spirulina와 같은 작은 크기의 미세조류가 있다. 이들은 지질함량이 높은데 광합성을 위하여 수중의 일정 높이 위에 떠 있어야 하는데 이를 위하여 액포 내에 가스 또는 오일류를 함유하고 있기 때문이다. 수중상태에서 스스로 부유buoyancy하기 위하여 특별한 보조장치를 가지고 있는 것이다. 조류는 생태계에서 중요한 역할을 한다. 광합성을 하여 산소발생에도 매우 중요하며 해양환경의 먹이사슬에서 없어서는 안될 중요한 위치에 있다. 그 종만 해도 30만 종이 넘는다고 한다. 이들 조류 중 배양조건과 배양 후에 회수가 간단한 미세조류를 이용한 에너지 개발은 예전부터 에너지 고갈이 예측되면서부터 활발히 연구되어 왔다. 미세조류를 회수하여 생물체 자체를 건조하여 바이오매스로 활용하여 발효를 시켜 에탄올을 얻을 수 있다. 미세조류를 영양분으로 사용하여 위에 언급한 효모의 에탄올발효를 그대로 이용하는 것이다. 또한 미세조류의 액포 내의 오일류를 추출하여 바이오디젤도 생산할 수 있다. 오일류의 휘발성을 높이기 위한 간단한 화학적 처리 후 바이오디젤 생산을 하는 것이다. 미세조류는 수중생물이기 때문에 생장시켜서 바이오매스를 얻는데 공간적으로 커다란 장애를 가지고 있다. 이들을 생장시키기 위해 많은 공간이 필요하고 또한 조류의 바이오매스를 수거하는 것도 만만치 않다. 환경조건에서는 일조량도 일정하지 않기 때문에 일정량의 바이오매스를 규칙적으로 확보하는 데에 어려움이 따른다. 또한 우리나라와 같은 겨울철 온도가 낮은 환경에서는 미세조류를 이용한 바이오매스 확보가 어렵다. 최근에는 이러한 단점을 극복하려고 공장형 미세조류 생산시스템을 도입하고 있다. 자연상태의 배양이 아니라 적절한 빛과 영양분을 공급하여 조류를 대량으로 배양하려는 것이다. 아직까지 이렇게 개발된 미세조류 유래 바이오디젤의 경우 석유에서 얻는 디젤보다 5배 이상의 비싼 가격으로 생산된다. 향후 생체량과 지질함량이 우수한 미세조류의 확보와 이들의 생리 생태학적 연구를 통하여 가격 경쟁력이 있는 에너지원으로 거듭나야 할 것이다.

바이오에탄올, 바이오부탄올과 바이오디젤 이외에 미생물은 메탄가스와 수소 등의 다양한 에너지 가스를 생산할 수 있다.[5,6] 대사과정에서 나오는 이러한 에너지 가스를 잘 활용하면 미래에너지원으로 사용할 수 있는 것이다. 앞에서 폐수처리 과정에서 생산되는 메탄가스에 대하여 소개하였다. 고균이 만드는 메탄가스는 자연환경에서 매장량도 풍부하고 폐수의 슬러지 처리과정에서 부산물로 나오기 때문에 이미 많이 이용하고 있는 에너지원이다. 활발하게 이용되고 있지만 현재 효과적인 메탄가스 생산을 위하여 많은 기반 분야들도 같이 개선되어야 한다. 메탄가스 생산의 경우 부산물로 황화수소도 아주 적은 양을 포함하고 있어 탈황처리도 매우 중요한 분야이다. 황이 함유되어 있으면 부식과 같은 문제, 연료효율의 문제 등이 야기될 수 있기 때문이다. 메탄가스는 가스이기 때문에 수송할 때 부피가 커서 어려움이 있다. 효과적으로 메탄가스를 압축할 수 있는 기술도 필요하다.

수소가스의 경우 에너지원으로 사용 시에 다른 부산물이 발생하지 않기 때문에 청정미래에너지로 각광받고 있다. 주로 관심을 갖는 분야가 연료전지 분야인데 수소이온의 분해로부터 나오는 전자를 이용하여 전기를 발생하는 방식으로 배터리 개발사업이 한창 진행되고 있다. 현재의 수소생산의 대부분은 화석연료와 천연가스를 이용한 방법으로 생산되고 있기 때문에 수소가스를 생산하는 미생물을 이용한다면 경제적, 환경적으로 매우 중요할 것이다. 다양한 미생물들이 수소를 생산할 수 있는데 질소고정과 광합성을 하는 시안세균cyanobacteria도 그중 하나이다. 여러 경로를 통해 만들어지는 수소는 전자공여체로서 작용할 수 있기 때문에 축적되지 않고 바로 다시 사용될 수 있다. 따라서 이와 같은 수소생산을 위한 최적화 모델을 개발하고 대사공학 등을 통하여 효과적인 수소생산을 가능하게 할 수 있다. 또한 수소는 메탄생성 고균의 좋은 에너지원이기 때문에 메탄형성과정을 막아야 더 많은 수소생산을 할 수 있다.

바이오에너지의 생산은 매장량이 정해진 석유와 달리 광합성을 통하여 축적된 바이오매스를 이용하여 계속해서 생산할 수 있기 때문에 무한자원으로서의 장점이 있다. 이와 같은 바이오에너지 생산에는 항상 경제학이 동반된다. 바이오에너지뿐만이 아니다. 미생물을 이용한 물질생산은 화학에너지를 사용한 물질생산과 비교하여 효율적인지 항상 비교 분석하여야만 한다. 미생물을 이용하여 생산하는 것이 타당한가에 대한 검증이다. 이를 위하여서는 여러 가지 고려되어야 할

사항이 많다. 생산량, 생산비용, 수송비용, 저장비용, 환경비용, 판매비용 등을 고려해야 한다. 바이오에너지를 생산할 수 있고 많이 생산한다고 끝이 아니다. 저장이 용이한지 수송은 간편한지, 2차 환경오염유발인자는 없는지 등 경제적인 분석이 뒷받침되어야 한다. 학자에 따라서 다르게 해석하는 경제적인 분석 때문에 때로는 바이오에너지의 개발을 비관적으로 볼 수도 때로는 희망적으로 볼 수도 있다.

2011년도에는 지금까지의 교토의정서 연장과 함께 UN의 기후변화총회 당사국총회에서 2020년 이후부터 모든 당사국이 온실가스 감축체계에 참여하는 새로운 기후변화체계 설립에 합의한 더반플랫폼Durban platform이 채택되었다. 대기 중으로 배출되는 지구온난화 가스의 중심에 있는 이산화탄소를 어떻게 하면 대기 중으로 보내지 않고 응집하여 처리할 수 있는가에 대한 분야를 토의하기 위해 각국 대표들이 모여 회의를 한 것이다. 2015년에는 많은 국가들의 이산화탄소 감축의무화를 포함하고 있는 회의인 파리기후협약을 진행하였다. 이산화탄소 저감과 관련해 최근 이산화탄소 포집 활용 저장carbon capture, utilization, and storage, CCUS 기술이라는 용어를 쉽게 접하게 된다. 우리나라도 2011년부터 한국 이산화탄소포집 및 처리연구개발센터라는 기관을 운영하고 있다. 최근 국제 에너지 기구 등 여러 매체를 통하여 2050년까지 19%까지의 획기적인 양의 이산화탄소를 저감할 수 있는 기술로 떠오르고 있다. 특히 이산화탄소의 포집과 저장에 미생물을 이용한 기술을 활용할 수가 있는데 앞 장에서 설명한 탄산칼슘 생산 미생물의 이용 또는 광합성 미생물들을 이용하면 대기 중의 이산화탄소를 저장할 수 있게 된다. 앞으로 다양한 융합기술의 발전을 통하여 미생물을 이용한 이산화탄소 저감기술이 기후변화에 얼마나 대응할 수 있을지 기대가 된다.

용어 설명

알칸(alkane) 메탄(CH_4), 에탄(C_2H_6), 프로판(C_3H_8)을 포함하는 포화 탄화 수소를 일컫는 용어로 단일 결합으로 이루어진 탄화수소.

바이오매스(biomass) 태양 에너지를 이용하여 유기물을 합성하는 식물과 식물을 식량으로 하는 동물, 미생물 등의 생물 유기체를 모두 일컫는 용어.

리그닌(lignin) 관속식물과 일부 조류의 조직을 지탱하게 하는 성분으로, 식물의 목질부를 구성하는 주요 구성성분 중 하나이며 식물 건조중량의 20-35% 정도를 차지하는 지용성 페놀고분자들.

시안세균(cyanobacteria) 수중이나 토양환경 어디에나 존재하는 세균의 한 부류로 일부 시안세균은 광합성과 질소고정을 모두 함.

주

1. Choi, Y. J. & Lee, S. Y. Microbial production of short-chain alkanes. *Nature* 502, 571-574 (2013)

2. Westman, J. O. & Franzen, C. J. Current progress in high cell density

yeast bioprocesses for bioethanol production. *Biotechnol J* 10, 1185-1195 (2015)

3. Wang, P., Dudareva, N., Morgan, J. A. & Chapple, C. Genetic manipulation of lignocellulosic biomass for bioenergy. *Curr Opin Chem Biol* 29, 32-39 (2015)
4. Jones, C. S. & Mayfield, S. P. Algae biofuels: versatility for the future of bioenergy. *Curr Opin Biotechnol* 23, 346-351 (2012)
5. Kung, Y., Runguphan, W., & Keasling, J. D. From fields to fuels: recent advances in the microbial production of biofuels. *ACS Synth Biol 1*, 498-513 (2012)
6. Kontur, W. S., Noguera, D. R. & Donohue, T. J. Maximizing reductant flow into microbial H_2 production. *Curr Opin Biotechnol* 23, 382-389 (2012)

9장 화학시장과 미생물학

1장에서 설명한 것처럼 지구의 진화와 함께한 미생물은 양과 수적인 면에서 엄청나게 다양하다. 어떤 생물도 가지지 않은 많은 다양한 종류의 효소를 보유하고 있다. 이들 효소를 이용하면 아마 지구상의 어떤 화학반응도 다 진행시킬 수 있을 것이다. 화학산업에서 화학적으로 합성하기 어려운 화학반응을 미생물이 보유한 다양한 효소단백질 자원을 이용할 수 있는 것이다. 효소는 쉽게 말하면 화학작용으로 일어나는 반응, 즉 물질의 전환을 효과적으로 하는 단백질이다. 화학작용에서 온도를 높이고 반응을 유도하기 위하여 다른 첨가물을제공하는 등의 번거로움 없이 쉽게 화학반응을 만드는 매개체인 것이다. 다양한 미생물효소가 만들어 낸 화학물질들은 여러 산업에서 중요하게 사용되고 있다. 미생물효소를 이용한 유명한 산업이 인디고indigo 염료의 개발이다. 인디고는 청바지 등의 푸른색 염료로 미생물의 효소에 의해 중합된 형태의 화학물질이다(그림 1). 화학적으로 합성이 되는 인디고는 미생

그림 1 인디고를 이용하여 염색한 청재킷(출처: 과천국립과학관). 미생물이 가진 효소를 이용하여 만들어진 인돌(indole)이라는 물질이 중합되면 인디고가 만들어진다.

물의 효소로도 합성할 수 있다. 이러한 산업의 예는 그야말로 방대하다. 미생물이 생산하는 효소시장은 국내에서 1천억 원대에 이를 정도로 엄청나지만 아직까지 수입에 의존하는 경우가 많아 국내 연구결과의 산업화를 통한 효소시장 개척은 앞으로 계속 진행되어야 한다.

현재 배양한 가능한 미생물이 대략 1% 정도도 되지 않는다고 한다. 이렇게 연구실에서 배양 가능한 1%도 되지 않는 미생물에서 얻은 효소, 생산물 등을 지난 수십 년간 산업적으로 이용하였는데, 99%도 더 넘는 수많은 아직 알려지지 않은 미생물들을 이용한다면 앞으로의 효소시장의 미래는 엄청나다고 할 수 있다. 미생물은 우리가 살고 있는 주변 환경에 주로 존재하기도 하지만, 생명체가 살 수 있을 것이라고 상상할 수

그림 2 일본 벳푸 지역의 온천수. 끓는 물에 가까운 온천수에도 호열성 미생물이 존재한다. 45℃를 넘어서도 생존하는 미생물을 호열성(thermophile) 미생물이라고 하고 80℃ 이상에서도 생존하는 미생물을 초호열성(hyperthermophile) 미생물이라고 한다.

없는 극한환경에도 존재한다. 깊은 바다, 광산, 동물, 곤충 등의 체내, 남극과 북극 등의 추운 환경, 온천수(그림 2) 등의 고온환경 등 다양한 극한환경에 널리 분포하고 있다.[1]

이들 미생물 중에 인간생활을 윤택하게 해 줄 유용미생물들이 널리 분포하고 있다. 미생물생태학자들은 이들 미생물의 분포와 종류에 대해 연구하고 이들의 생태적 기능을 구명하는 일을 한다. 유용한 미생물을 하나라도 찾아 산업적으로 이용하여 수익창출을 해내면 과학자에게뿐만 아니라 국가적으로도 엄청난 부를 가져다줄 수 있다. 해저의 열수분출구 근처는 압력이 높기 때문에 물의 온도가 100℃ 이상 올라갈 수 있다. 섭씨 100℃가 넘는 물 환경에서도 고온성 미생물이 살고 있는데, 이들이 가지고 있는 세포막, 단백질은 놀랍도록 고온에서 안정적이다. 고온에서 변성되지 않는 단백질은 산업적으로 매우 유용하기 때문에 고온성 미생물의 단백질 연구가 활발히 진행되고 있으며, 실제로 1960년도에 발견된 고온성 세균인 서머스 아쿠티커스*Thermus aquaticus*라는 고균archaea으로부터 얻은 DNA중합효소polymerase는 현재까지도 세계의 거의 모든 분자생물학 실험실에서 DNA를 증폭하기 위한 PCRpolymerase chain reaction에 사용되고 있으며 매우 높은 가격으로 여러 벤처회사가 시판하고 있다. 실제로 필자의 연구실에서도 가장 많이 사용하는 효소이며 아주 적은 용량, 수백 마이크로리터에 수백만 원이나 한다. 이 효소를 이용한 PCR기법을 개발한 미국의 생화학자, 캐리 멀리스Kary Mullis는 1993년 노벨화학상을 수상하기도 했다. 또한 호냉성psychrophilic 미생물로부터 얻지 않는 단백질 개발, 알칼리성 미생물로부터 세탁세제에 들어가는 효소 개발, 호염성halophilic(염분이 높은 곳에서도 잘 사는) 미생물, 호산성acidophilic(산성조건을 좋아하는) 미생물 등 다양한 극한조건에서의 미생물 자원을 확보하여 산업적으로 응용하려는 노력이 경주되고 있다.

앞 장에서 설명한 바이오에너지 생산도 예외는 아니다. 바이오에너지 생산의 핵심이 되는 강력한 셀룰로오스 분해효소, 지질 분해효소 등을 가지고 있는 미생물을 찾기 위해 세계의 연구자들이 열심히 연구하고 있다. 물론 어떠한 재료를 사용하여 바이오에너지를 생산할 것인가의 문제와 더불어, 바이오에너지의 생산은 결국 얼마나 강력한 미생물을 찾아내어 이들로 하여금 에탄올, 바이오디젤, 메탄가스, 수소가스 등을 생산하게 하는가에 대한 문제이다. 최근 유전체 분석, 첨단 오믹스 기반의 연구를 바탕으로 한 유전체 분석이 활발히 진행되어, 이미 세균의 경우 수만 종이 넘는 미생물의 유전체 정보를 알려져 있으며, 현재 수천 종 이상의 미생물 유전체 분석이 또한 진행 중이다. 유전체 정보를 이용하여, 새로운 유용효소를 발굴하고, 대사회로를 변경하는 등의 연구를 통하여 효율적인 미생물 공장을 개발하려고 노력하고 있다. 값싼 먹이를 주고 값비싼 유용물질을 얻어 내려는 것이 산업미생물 연구자들의 궁극적인 꿈이다. 또한 국내외 저명한 연구자들은 아예 "인공미생물artificial microorganisms" 개발을 시도하고 있다. 미생물로 하여금 목적을 위한 최소한의 유전자만을 가지게 하고 이를 세포막으로 싼 후 생물로 살아가게 하는 연구가 진행되고 있다.[2] 새로운 생명체를 만들려는 시도이다. 미생물의 연구는 첨단 연구장비와 연구기법의 개발로 인하여 현재 엄청난 속도로 발전하고 있다. 이로 인한 연구결과 산물들은 친환경적이며 경제적일 것이고, 인간생활을 윤택하게 할 것이 분명하다.

최근에는 메타지놈metagenome이란 기술을 이용하여 새로운 효소를 찾으려는 시도를 많이 하고 있다.[3] 앞에서 설명한 것처럼 환경에 존재하는 많은 미생물은 현재 연구실에서 어떻게 키워야 되는지 모르기 때문에 연구실에서 생장시킬 수 없다. 미생물을 키우지 못하면 이들이 보유한 새로운 단백질의 특성을 알 수 없으며 상업화가 불가능하다. 때문에 지금까지 우리가 사용하는 효소들은 대부분이 배양이 가능한 미생물로부터 얻은 것이다. 이들 단백질 특성을 파악하고 유전정보를 이용하여 대장균에서 과다 발현시켜서 연구한다. 배양이 가능해야 많은 양이 DNA와 단백질을 확보하고 분석을 진행할 수 있다. 보통 우리가 범죄수사에서 DNA를 채취하여 분석한다고 하지만 DNA양이 많지 않은 경우 분석기계가 이를 분석하지 못한다. 따라서 DNA를 증폭시키는 기술을 이용하여 DNA의 양을 분석할 수 있는 수준까지 늘리는 작업을 해야 가능해진다. 이와 같은 원리와 비슷한 것이다. 하지만 항상 증폭하는 과정에서 에러가 발행하여 원래 시료와 다른 결과도 종종 나타나곤 한다. 아무튼 미생물이 이름이 무엇인지 어떠한 효소를 만드는 유전자를 가졌는지 하는 것도 모두 DNA분석에 기반하고 있다. 그렇기 때문에 세포를 굳이 키우지 않아도 DNA만 증폭하고 또 증폭된 DNA로 하여금 단백질을 만들게 하면 새로운 효소를 찾는 일이 가능해지는 것이다. 환경에서 DNA만을 얻어 이들을 발현시키고 DNA로부터 단백질을 만들어 미생물을 배양하지 않고 직접 단백질과 효소를 생산하는 방법이 메타지놈 기술이다. 비배양 미생물들이 어떤 새로운 효소를 가졌는지 알기 위하여, 많은 DNA정보를 분석하는 메타지놈기술은 어렵고 비용이 많이 들어가는 일이기 때문에 일반 연구자들은 좀처럼 시도하지 않고 있다. 하지만 메타지놈 기술을 이용하면 지금까지 배양되지 않았던 미생물에서 얻은 DNA를 가지고 새로운 효소를 생산할 수 있는 것이다. 지금까지 화학반응을 알려진 효소만을 가지고 진행하였으니 새로운 다양한 효소를 이용하면 훨씬 더 다양한 화학반응을 시도할 수 있을 것으로 기대된다.

특히 화학반응에서 어려운 것이 다양한 이성질체^isomer^를 얻는 일이다.[4] 보통 이성질체라고 하면 분자식은 같지만 다른 구조를 갖는 화학물질이다. 쉽게 말하면 다르게 배열되어 있는 것이다. 이와 같은 이성질체에는 입체이성질체stereoisomer 또는 광학이성질체optical isomer 등 다양한 종류가 있다. 화학적으로 이러한 이성질체를 합성하는 일은 상당히 어렵다. 특히 구조가 복잡한 화학물질은 더욱 그러하다. 화학물질의 원하는 부위에서 반응이 일어나야 하니 다른 부분에 반응이 일어나지 않게 다른 화학 물질로 막은 후에 원하는 곳에서만 반응이 일어나게 하는 등 복잡한 일이 벌어진다. 하지만 효소를 이용하면 그렇지 않다. 다양한 효소들은 화학물질의 특정 부위에 그들만의 반응을 유도할 수 있다. 이러한 이성질체는 분자식을 종이 위에 썼을 때만 같은 것으로 보이지만, 확연하게 다른 물질이다. 동물이나 식물 등의 생물에 이성질체가 작용하는 기작은 완전히 다르다. 화학물질은 이를 인식하는 세포 내의 단백질 또는 세포막의 단백질과 잘 결합되어 인식하고 이후 반응이 진행된다. 따라서 구조가 다르면 이들은 다르게 인식되거나 인식을 못하게 된다. 인체에 필요한 약을 개발할 때에도 이러한 이성질체의 성질을 이용하게 된다. 특정 단백질에 결합은 하지만 반응이 일어나지 않는 이성질체를 개발하면 세포 내 과정을 중지시킬 수 있다. 세계 각국의 제약회사들이 이성질체 신약을 개발하는 이유이다.

의약품의 경우에 한 이성질체는 인체에 해가 없지만 분자식은 같고 구조가 상이한 다른 이성질체의 경우 질병 치료효과가 있을 수 있다. 또는 인체의 질병을 유발하는 화학물질이 반응하는 곳에 구조가 다른 이성질체를 투여하여 반응이 일어나지 않게 하여 질병 발생을 억제할 수 있다. 화학적으로 합성하면 두 이성질체가 동시에 만들어지기도 하는데 이 경우 우리가 필요로 하는 한 종류의 이성질체만 정제하여 얻는 일이 만만치 않다. 이성질체인 두 분자는 구성 원자와 분자구조, 특성 등이 매우 흡사해 정제하기 매우 어렵기 때문에 화합물을 인공적으로 합성할 때 원하는 한 가지만 만드는 방법을 개발하는 것은 매우 어려운 일이다. 따라서 이렇게 개발된 이성질체 화합물은 복잡하고 까다로운 합성방법을 사용해 단가가 엄청나게 비싸게 되고 일반 소비자가 구매하기에 고가라는 문제점이 항상 제기되어 왔다. 하지만 미생물이 생산하는 효소를 잘 이용하게 되면 이러한 단점을 극복할 수 있게 된다. 미생물이 만드는 효소를 이용하면 당뇨병 치료제나 에이즈AIDS 치료제의 원료물질 등을 생산할 수 있게 되는 것이다.

현재 화학시장에서 각광받고 있는 효소는 헤아릴 수 없을 만큼 다양하다. 이들은 거의 모두 미생물로부터 유래된 경우가 많다. 세균뿐만 아니라 곰팡이, 조류 등의 효소 등이 사용되고 있다. 효소는 사용되는 용도와 산업에 따라 산업용, 의료용, 연구용으로 나눌 수 있고 산업용 효소의 카테고리 안에 식품용, 사료용, 공업용 등으로 분류된다. 이 중 현재 식품에 사용되고 있는 효소시장이 제일 크다. 식품에 들어가는 다양한 물질을 생산하는 효소들이다. 또한 역사적으로 식품 관련 효소는 발효, 제빵, 양조 등 다양한 분야에게 줄곧 사용되어 왔다. 아마 앞으로 식품시장뿐 아니라 바이오시장에서 효소시장이 차지하는 비율은 점점 커질 것으로 생각된다. 식품과 미생물에 대해서는 다음 장에서 더 자세히 설명하겠지만 화학적 과정이 포함된 한 가지 예만 여기서 소개한다. 우리가 마시는 다양한 청량음료에는 고과당시럽HFCS, high fructose corn syrup이라는 것이 들어가 있다. 단맛을 내기 위하여 넣는 것인데, 보통 설탕이라는 수크로스sucrose는 포도당glucose과 과당fructose이 결합된 이당류이다. 특히 과당의 경우 수크로스 자체보다 같은 양일 때 단맛이 두 배 이상이기 때문에 포도당과 과당이 1 : 1로 되어 있는 것보다 과당이 더 들어 있으면 더 단맛을 느낄 수 있다. 입안으로 들어간 수크로스는 포도당과 과당으로 입안의 효소로 분해되고 각 포도당과 과당 때문에 단맛을 느끼는 것인데 포도당의 경우 당뇨 등과 직접 연관이 있기 때문에 인체 건강에 필요 이상으로 섭취하는 것은 좋지 않다. 포도당 양도 줄이고 단맛도 늘릴 수 있는 일석이조의 방법이 포도당 이성화효소glucose isomerase라는 효소를 이용하여 포도당을 과당으로 바꾸어 사용하는 것이다.[5] 과당이 55% 들어가 있는 것을 HFCS55이라고 부르고 보통 청량음료에 많이 들어가 있다. 현재 세계적인 회사인 시그마에서 50g의 효소를 70만 원 정도에 팔고 있는데 토양균인 방선균에서 유래된 효소이다. 최근 고과당시럽 자체도 인간의 건강에 좋지 않고 문제가 있다는 뉴스와 연구결과를 많이 접하게 된다.[6] 과당은 과일에 많이 들어 있는데 과일의 과다한 섭취 또한 과당 섭취량을 늘리기 때문에 비만과 당뇨에 좋지 않다는 연구결과도 있다. 어떤 종류든 많은 당의 섭취는 당연히 건강에 좋지 않을 것이다.

그 다음으로 큰 시장이 더러운 옷을 빼는 세탁 등에 사용되는 물질을 만드는 세제시장이다. 실제 세탁세제에 얼마나 많은 효소가 사용되는지 아는 사람은 그다지 많지 않을 것으로 생각된다. 산업용 효소 중에서 가장 많이 사용되는 것이 세제 첨가용 단백질 분해효소protease이다.[7] 단백질 분해효소를 포함하는 세제용 효소시장은 전체의 22%에 달하며, 여전히 연평균 5% 수준으로 꾸준히 증가하고 있다. 세탁을 위하여는 단백질, 지질, 당 등 다양한 물질을 분해해야 한다. 세탁을 위한 소재로부터 이러한 물질은 분리하고 분해하여 없애는 일을 세제가 담당하는데 이를 효과적으로 진행하기 위하여 세제 안에 효소가 포함되어 있다.

기름 때를 분리, 분해하기 위해 기름 분해효소인 리파아제lipase가 사용되는 것이다. 세제는 기본적으로 비누 성분이기 때문에 이러한 비누 성분에도 잘 견디는 안정된 효소를 확보하는 일이 중요하다. 현재 효소시장 매출 최고 기업은 덴마크 기업인 노보자임Novozymes 사이다. 매년 평균 8%의 성장률을 보일 정도로 엄청나게 발전하고 있으며 최근 바이오에너지 제조에 필요한 효소 개발에 가장 많은 비용을 투자하며 계속 성장하고 있다. 전체 판매되는 주로 바실러스*Bacillus* 균주와 곰팡이의 일종인 아스퍼길러스*Aspergillus* 균주를 사용하여 제조한다. 앞으로 계속 세계적인 그룹들이 효소시장에서 끊임없이 성장할 것으로 생각된다.

화학물질의 생산에 정제된 효소만을 이용하는 것은 아니다. 배양이 가능하다면 미생물 자체가 화학물질의 생산공장으로 사용될 수 있다. 즉 미생물로 하여금 우리가 필요로 하는 화학물질을 만들어 내게 하는 것이다. 미생물을 이용하면 쓰레기나 폐자원 등이 사용될 수 있다. 우리에게는 쓸모 없는 물질이지만 미생물에게는 좋은 먹이이자 에너지원이 되는 것이다. 에너지원이 되는 에탄올이 필요하면 발효과정을 잘 조절하여 더 많은 에탄올을 생산하게 하면 되고 화학조미료인 글루탐산나트륨이 필요하면 역시 이를 잘 생산하는 균주를 선발하여 발효과정을 최적화하면 가능하다. 이러한 과정을 대사공학metabolic engineering이라고 한다.[8] 과거에는 미생물의 유전적인 정보가 없었기 때문에 실제 대사공학을 정교하게 하기 어려웠다. 미생물을 이용하여 사료보조제의 일종이며 아미노산의 한 종류인 라이신lysine을 생산하기 위하여, 라이신을 많이 합성하여 세포 밖으로 분비하는 미생물을 우선 선발하고 이들의 생산량을 늘리기 위하여 방사선과 같은 빛에 노출시키거나 돌연변이 유발 화학물질을 주어 인위적으로 돌연변이mutant를 유발시킨다. 돌연변이가 만들어지면 수천 또는 수 억 개의 돌연변이 중 원하는 물질생산이 증가한 균주를 얻을 수 있고 이들을 이용하여 화학물질을 생산하는 과정을 과거에 사용해 왔다. 하지만 지금은 유전자의 종류와 기능, 유전체 정보를 다 알기 때문에 대사회로를 연구하고 이들의 대사회로를 조절하여 대사과정의 경로를 수정시키는 일이 가능하다. 좀더 정교한 일을 할 수 있게 된 것이다. 미생물이 기질을 먹고 나면 기질이 어떻게 대사과정 또는 분해과정을 거쳐서 최종산물이 만들어지는가에 대한 정보를 가지고 있기 때문에 최종산물을 만드는 데 불필요한 대사과정을 정지시키고 원하는 과정으로만 대사회로가 흐르게 하는 것이다. 불필요한 대사과정의 정지는 주로 해당 유전자를 제거하는 방법으로 진행하고 있다.

현재 위에서 언급한 글루탐산, 라이신 등과 다른 많은 아미노산의 대부분에는 코리네박테리움 글루타미쿰*Corynebacterium glutamicum*이라는 균주가 사용되고 있다. 일본의 유명 조미료 회사인 교와하코공업 또는 국내 조미료회사인 CJ제일제당 등 많은 기업들이 이 균주를 사용하고 있다.[9] 현재 대사공학에도 우리가 흔히 알고 있는 유전자변형이 용이한 대장균과 위에 소개한 코리네박테리움이 많이 사용되고 있다. 유전자변형 미생물을 이용한 물질생산은 몇 년 전 처음 우리나라에서 사용이 승인되었고 엄격하게 관리되고 있다. 생산공장 밖으로 유출되지 않게 철저하게 관리되고 있으며 만들어진 생산물은 결국 화학물질이기 때문에 전혀 염려할 필요는 없다. 유전자변형 DNA나 미생물이 전혀 들어 있지 않기 때문에 소비하는 입장에서는 그다지 신경 쓸 필요가 없다. 하지만 위의 두 균주를 이용하여 그렇게 수많은 화학물질을 생산하는 것은 불가능하다. 다른 미생물의 개발이 더 요구되고 있는 실정이다. 특히 유전체가 작아 에너지를 덜 소비하는 미생물의 대한 관심이 크다. 미생물이 살아가는 데 최소한의 에너지를 소비하고 원하는 최종산물을 최대한 생산하는 것이 목적이기 때문에 그러한 균주의 발견과 개발이 진행되고 있다.

화학시장에서 앞으로 미래발전 가능성이 있는 분야가 생분해성biodegradable 플라스틱의 개발이다.[10] 현재 우리 산업에 사용되는 플라스틱은 폴리에틸렌polyethylene, 폴리스타이렌polystyrene, PVCpolyvinyl chloride등 화학합성으로 만들어진 것이 대부분이다. 하지만 얼마 전부터 우리나라 자동차회사에서 차량에 들어가는 각종 플라스틱 자재를 생분해성으로 교체하려는 연구를 시작하였다. 사용하던 차량이 폐차되었을 때 물론 고철을 잘 활용할 수도 있겠지만 생분해가 되면 환경친화적이라는 이미지가 많기 때문에 차량에 생분해성 플라스틱을 사용해 그린이미지를 강조하고 있다. 하지만 소비자 입장에서는 차량이 폐차된 후에 환경이 어떻게 될지는 관심이 없기 때문에 그다지 신경 쓰지 않는 분야이지만, 전기자동차나 바이오연료를 사용하는 자동차, 하이브리드 자동차 구매자들은 환경에 관심이 많기 때문에 신경 쓰는 구매자들도 있을 것이다. 현재 생산 단가가 높고 기존 화학플라스틱이 가지는 여러 가지 성질을 다 가질 수 없기 때문에 활발하게 사용되고 있지 않지만, 앞으로 더 연구가 진행되면 극복할 수 있을 것으로 생각된다. 외국의 유명 자동차회사들은 이미 상용화하여 우리는 잘 인지하지 못하지만 많은 자동차 부품이 생분해성 플라스틱으로 되어 있다고 한다. 많이 사용하는 핸드폰의 일부도 생분해성 플라스틱으로 되어 있다. 쉽게 생각해서 우리가 사용하는 핸드폰 커버만 모두 생분해성 플라스틱으로 되어 있어도 환경에 부담을 덜 줄 것이다.

화학적으로 합성된 다양한 플라스틱은 미생물에 의하여 분해가 되지 않기 때문에 소각하지 않으면 환경에 수백 년이 넘도록 방치될 것이다. 방치된 플라스틱이 인체나 환경에 존재하는 다양한 생물에 치명적인 해가 되지 않지만 최근 플라스틱이 조각난 나노 사이즈의 작은 플라스틱이 인체나 환경생물에 들어가 다양한 독성을 나타낸다고 보고가 많이 발표되고 있다. 또한 이렇게 유입된 플라스틱 조각들이 결국에 바다로 흘러 들어가 우리가 현재는 느끼지 못하지만 엄청나게 바다생물에 축적되고 해양퇴적층에 축적된다고 생각하면 앞으로 이러한 결과가 엄청난 재앙을 초래할 수 있을 것은 분명하다. 비록 수백 년 안에 재앙이 나타나지 않을지는 몰라도 그 이후에 어떻게 될지는 아무도 모른다.

생분해성 플라스틱은 미생물을 이용하여 만들 수 있다. 생분해성 플라스틱을 만들기 위한 다양한 과정이 있지만 가장 많이 사용되는 것이 우리가 흔히 알고 있는 젖산[lactic acid] 발효를 얻어 이것을 이용하는 것이다. 미생물이 발효하면 얻는 여러 물질 중에 에탄올도 있지만 균주에 따라서 젖산을 최종산물로 만드는 미생물들이 있다. 젖산은 락틱산 또는 락테이트라고도 부른다. 젖산을 서로 연결시켜 주면 PLA[polylactic acid]라는 플라스틱이 만들어진다. PLA는 가공하면 딱딱한 정도 등 많은 특성이 기존 플라스틱과 비슷하기 때문에 현재 가장 활발하게 생산되어 기존 플라스틱의 대체물질로 사용되고 있다. 위에서 언급한 자동차, 핸드폰커버 이외에 현재 마트에서 판매되고 있는 일회용 수저, 쟁반, 테이블보 등 많은 일회용 제품들이 PLA로 생산되고 있다. PLA는 생산이 어렵지 않기 때문에 많이 활용되고 있지만 아직도 제조과정이 일반 플라스틱보다 추가되고 플라스틱을 완전히 대체하지는 못하기 때문에 제조단가가 현재 기존플라스틱보다 높다. 기존 플라스틱은 탄소와 탄소가 단단하게 연결되어 있고 물질의 사이즈가 엄청 크기 때문에 미생물이 분해하지 못한다. 하지만 PLA와 같은 생분해성 플라스틱은 젖산과 젖산이 연결되어 있는 결합이 기존 플라스틱과 다르기 때문에 쉽게 미생물에 의해서 끊어질 수 있다. 이러한 끊어지는 성질이 강하기 때문에 생산과 응용 시 아직 조심스럽게 접근하고 있는 것이다

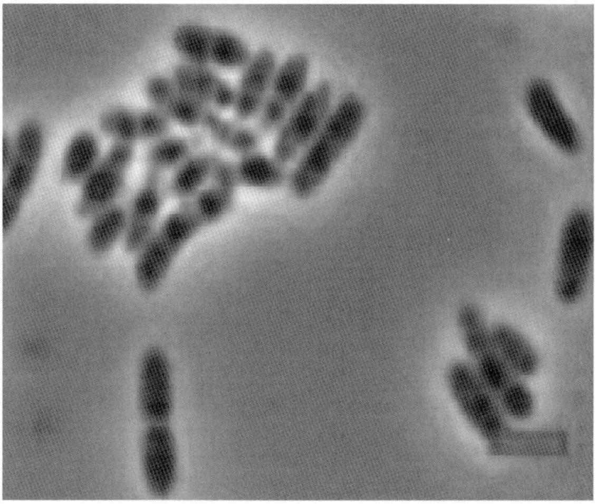

그림 3 특별한 염색 시약으로 토양균인 슈도모나스 세포 내에 PHA(polyhydoxyalkanoate, 바이오플라스틱의 원료)를 합성하는지 관찰한 그림으로 검은 색으로 세포 내에 진하게 보이는 것이 PHA이다.[11]

다른 생분해성 또는 바이오플라스틱의 재료에는 PHA^polyhydroxyalkanoate^라는 것도 있다(그림 3). 미생물들은 탄소원은 풍부히 존재하지만 다른 영양분(질소 등)이 고갈되었을 때는 탄소원을 PHA라는 덩어리로 탄소를 축적시켜 놓는다. 탄소원을 자신의 몸 안에 저금해 놓는 것이다. 이후에 다른 영양분은 많지만 탄소원이 부족해지면 이 저금해 놓은 탄소덩어리를 분해하여 사용하고 생장한다. 다른 생물도 이와 같은 일들을 한다. PHA는 바이오플라스틱의 원료로 사용 가능하여 이를 응용한 연구가 활발히 진행되고 있다. 하지만 PLA보다 기존 플라스틱의 성질에 가깝지 않다. 또한 PHA는 미생물의 몸 안에 있기 때문에 이것을 꺼내기 위하여 다양한 추가적인 방법이 요구된다. 제일 많이 사용하는 것이 유기용매를 이용하여 녹여 내는 것인데 유기용매의 사용도 돈이 들어가는 것이며, 사용된 유기용매의 2차 환경오염 때문에 문제가 많이 발생한다. 지금까지 수십 년간 연구되었지만 아직 상용화가 덜된 이유도 위와 같은 이유 때문이다. 극복해야 할 많은 과제들이 있지만 그래도 많은 대학과 연구소에서 포기하지 않고 연구하고 있는 것은 바이오플라스틱이 친환경적이고 물질순환의 측면에서 바람직한 방향이기 때문이다. 앞으로 더 싸고 쉽게 생산하여 생산단가가 낮아지고 국민들의 인식 변화로 바이오플라스틱의 소비가 늘어나면 점점 시장이 확대될 것이고, 머잖은 미래에는 거대한 기존 플라스틱 시장을 바이오플라스틱이 대체할 것으로 기대된다.

용어 설명

DNA중합효소(DNA polymerase) DNA 이중나선 중 한 개의 사슬을 주형으로 하여 새로운 DNA 사슬 형성을 촉매하는 효소로 DNA의 복제 및 손상회복에 사용되는 효소.

메타지놈(metagenome) 주어진 환경에서 미생물들을 분리 배양하지 않고 이들로부터 유래된 환경시료 DNA 전체를 분석하는 기법으로 배양되지 않는 미생물의 존재 여부나 이들이 생산할 수 있는 효소 등을 새롭게 찾아내는 유전체 기법.

주

1. Raddadi, N., Cherif, A., Daffonchio, D., Neifar, M. & Fava, F. Biotechnological applications of extremophiles, extremozymes and extremolytes. *Appl Microbiol Biotechnol* 99, 7907-7913 (2015)
2. Gibson, D. G. et al. Creation of a Bacterial Ceil Controlled by a Chemically Synthesized Genome. *Science* 329, 52-56 (2010)
3. Coughlan, L. M., Cotter, P. D., Hill, C. & Alvarez-Ordonez, A. Biotechnological applications of functional metagenomics in the food and pharmaceutical industries. *Front Microbiol* 6, 672 (2015)
4. De Carvalho, C. C. Enzymatic and whole cell catalysis: finding new strategies for old processes. *Biotechnol Adv* 29, 75-83 (2011)
5. Bhosale, S. H., Rao, M. B., & Deshpande, V. V. Molecular and industrial aspects of glucose isomerase. *Microbiol Rev* 60, 280-300 (1996)
6. Lowette, K., Roosen, L., Tack, J. & Vanden Berghe, P. Effects of high-fructose diets on central appetite signaling and cognitive function. *Front Nutr* 2, 5 (2015)
7. Vojcic, L. et al. Advances in protease engineering for laundry detergents. *N Biotechnol* 23, 629-634 (2015)
8. Nikel, P. I., Martinez-Garcia, E. & de Lorenzo, V. Biotechnological domestication of pseudomonads using synthetic biology. *Nat Rev Microbiol* 12, 368-379 (2014)
9. Eggeling, L. & Bott, M. A giant market and a powerful metabolism: L-lysine provided by *Corynebacterium glutamicum*. *Appl Microbiol Biotechnol* 99, 3387-3394 (2015)
10. Chen, G. Q. A microbial polyhydroxyalkanoates (PHA) based bio- and materials industry. *Chem Soc Rev* 38, 2434-2446 (2009)
11. Song, J. H., Jeon, C. O., Choi, M. H., Yoon, S. C. & Park, W. Polyhydroxyalkanoate (PHA) production using waste vegetable oil by *Psudomonas* sp. strain DR1. *J Microbiol Biotechnol* 18, 1408-1415 (2008)

10장 농업, 식량생산을 위한 미생물학

농업과 미생물은 아마 전통적인 식품과학과 더불어 오랫동안 가장 밀접한 관계가 있는 미생물학과의 융합 분야일 것이다. 작물을 포함한 모든 식물의 뿌리, 줄기, 잎, 심지어 식물의 안에도 미생물이 서식한다. 최근에는 식물의 안에 서식하는 미생물의 중요성 때문에 이들에 대한 관심이 높다. 식물 안에 서식하는 미생물을 식물 내생미생물endophytic microorganisms이라고 부른다. 인간의 장을 포함한 다양한 동물의 장내에 미생물이 존재하고 동물의 면역시스템을 조절하고 소화를 돕고 하는 것처럼, 식물도 씨앗에서부터 미생물이 붙어 있으며 이들 중 일부는 식물이 생장하면서 계속 존재하게 되고 또한 많은 미생물들이 식물이 생장하면서 외부에서 유입되어 식물과 공생하면서 때로는 질병도 유발하면서 같이 존재하게 된다. 식물 내생미생물들이 만들어 내는 물질이 현재까지 알려지지 않은 독특한 대사물질로 알려지면서 이들의 역할이 현재 관심의 대상이 되고 있다.[1] 현재 식물 내생미생물의 유전체 및 이들의 기능에 대하여 활발한 연구가 진행되고 있지만 아직까지 과학적 지식이 부족한 편이다. 식물 안에 있는 미생물만 놀라운 것이 아니다. 엄청나게 많은 종류와 수의 미생물이 식물의 표면에 존재한다. 이러한 식물 표면에 서식하는 미생물들을 착생미생물epiphytic microorganisms이라고 부른다. 인간의 눈에는 보이지 않지만, 영양분이 별로 없을 것 같은 줄기나 잎 표면에도 많은 미생물들이 존재한다.[2] 최근《네이처》지에 소개된 바에 의하면 이 중 가장 많은 것이 세균이고 이들 중 메틸로박테리움*Methylobacterium*, 슈도모나스*Pseudomonas*, 스핑고모나스*Sphingomonas*의 세 종류가 가장 많다고 한다.[3] 식물의 종류와 생장상태에 따라 다른 종류의 미생물들과 그들의 수가 다르게 존재한다고 보고되고 있지만, 위의 세 종류의 세균이 거의 우점하고 있는 것은 사실이다. 이들의 어떤 특징이 그 많은 세균 중 선택되어 식물과 공생하고 있는 것일까? 물론 이들의 공생은 절대 공생은 아니다. 절대 공생하는 미생물이 있을 수 있지만 아직까지 밝혀지지 않았다. 절대 공생이 아니라는 것은 둘을 떼어 놓아도 살 수 있다는 것이다. 위의 세 가지 세균은 실험실 내에서도 잘 자라는 균주들이다. 특히 많은 연구에 의하면 메틸로박테리움은 이름에서 추측할 수 있는 것처럼 메탄올과 같은 간단한 탄소원을 먹이로 섭취할 수 있다(그림 1).[4] 이들의 유전체가 최근 많이 분석되었기 때문에 아마 향후 많은 놀라운 연구결과들이 나올 것으로 기대된다. 메탄올은 광합성 과정에서 생산되는 부산물로 식물 잎에서 많이 분비된다. 아마 이러한 풍부한 메탄올을 이용하여 메틸로박테리움이 식물의 표면에서 우점하는 것일 것이다.

메틸로박테리움은 위의 사진에서 보는 것처럼 카르테노이

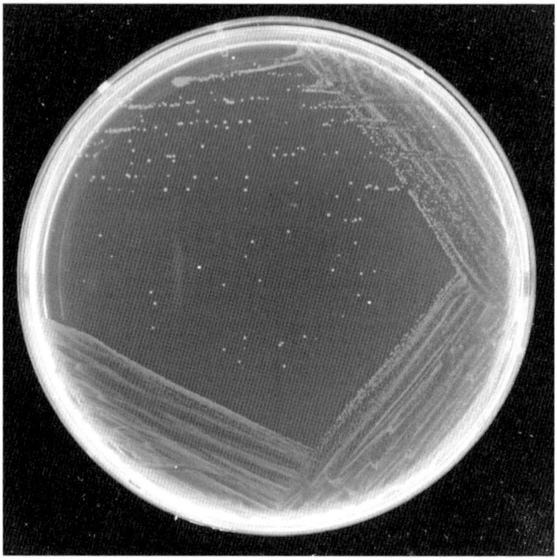

그림 1　플라타너스 나뭇잎 위에서 분리한 메탄올에서 자라는 메틸로박테리움(*Methylobacterium platanii*) 균주.[4]

드carotenoid색소를 가지고 있기 때문에 분홍색을 띠고 있는데, 이러한 카르테노이드 색소의 연구는 생명공학적으로 아주 커다란 의미가 있다.[5] 카르테노이드는 항산화물질antioxidant의 역할을 하면서 식품, 사료, 의약품의 전구체precursor 등으로 활용 범위가 넓기 때문이다.

식물의 표면에 존재하는 미생물들의 종류에 대하여 최근 많은 연구가 진행되었지만 그들의 생태적인 역할에 대해서는 아직 모르는 것이 많다. 식물의 표면을 모두 합하면 지구표면의 두 배 정도에 이른다고 한다. 이러한 광대한 표면에 많은 미생물이 존재하고 이들이 각각 독특한 생태적 기능을 수행하고 있을 테니, 이들의 역할은 아마 상상할 수도 없을 정도로 생태환경에 중요할 것이다. 특히 필자가 관심 있는 분야가 식물 표면의 미생물들의 여러 가지 휘발성물질의 대사이다. 휘발성물질은 토양에서 대기 중으로 날아가거나 식물이 대사과정에서 분비하여 대기 중으로 갈 수 있는 말 그대로 기체상태로 존재할 수 있는 화학물질이다. 이러한 물질을 대사한다는 것은 아마 전 지구적인 생태학으로 보았을 때 무척 중요한 일일 것이다. 최근 연구에서 지구온난화 가스를 비롯한 대기 중의 가스물질의 생산과 소비에 식물 표면의 미생물이 역할을 할 수 있다는 보고가 나온 적이 있다.[6] 또한 도시에 심어져 있는 많은 식물의 표면에서 만약 자동차 매연과 같은 오염물질이 식물 표면 미생물에 의하여 분해되어 제거된다는 것이 연구되면 무척 흥미로울 것이다. 식물의 표면과 안에 존재하는 미생물들은 마치 우리의 장과 다양한 신체조직에 있는 미생물과 비슷한 역할을 할 것이다. 대사과정을 돕거나 우리가 만들지 못하는 영양물질을 만들어 주거나 면역작용을 하거나 병원균과 싸우거나 호르몬을 분비하여 생리적인 변화를 주거나 하는 등 다양한 과정에 영향을 미칠 것이다.

대부분의 공생 또는 유용미생물은 식물과 좋은 상호관계를 유지한다. 많은 공생생물들은 자신이 만들지 못하는 물질을 상대방으로부터 받으면서 서로 필요한 물질을 교환한다. 아마 식물과 공생하는 미생물도 예외는 아닐 것이다. 특히 식물은 광합성을 하기 때문에 대기 중의 이산화탄소를 다른 형태의 탄소로 만들어 자신도 사용하고 주변 공생미생물에게도 준다. 의도적으로 주는 것인지 부산물인지는 모르지만 아무튼 제공받은 음식을 먹고 미생물이 생장하게 된다. 미생물이

그림 2　미생물을 이용한 식물의 생장촉진. 왼쪽이 처리하지 않은 것, 오른쪽이 처리한 것.

생장하면 대사과정이 일어나고, 부산물로 다른 물질을 분비하게 되는데 이러한 분비물질이 식물의 대사에 다양하게 영향을 미칠 수 있다. 이러한 분비물질 중에 미생물은 옥신[auxin]과 같은 식물 생장호르몬 등을 분비하기도 한다. 식물 생장호르몬이 미생물에 의하여 분비되면 식물의 생장을 도와줄 수 있다. 실제 식물 생장호르몬 분비 미생물을 농업현장에 사용하면 작물의 생장을 도와 수확이 늘어난다(그림 2). 이와 같이 식물의 생장에 도움을 주는 미생물들을 통칭하여 PGPB[plant growth promoting bacteria]라고 하는데 식물생장촉진세균이라고 번역하면 될 것 같다. 이들은 특히 식물의 뿌리에 많이 공생하고 있기 때문에 PGPR[plant growth promoting rhizobacteria]라고 미생물 교과서에 더 많이 알려져 있다. Rhizobacteria의 "rhizo"의 뜻이 뿌리인데 뿌리공생세균인 것이다.

미생물 중에 세균만이 공생하여 식물생장을 촉진하는 것은 아니지만 많은 연구가 세균 위주로 되어 있어서 PGPR은 농업에서 대표적인 용어로 알려져 있다. 하지만 전통적으로 곰팡이의 경우도 많은 작물과 상호관계를 이루며 생장한다는 것은 농업과 관련된 일을 하는 사람이면 잘 알고 있다. 거의 모든 식물의 뿌리를 들여다보면 공생하는 곰팡이를 가지고 있다. 80% 정도의 식물뿌리가 곰팡이와 공생한다고 하니 어마어마한 양이다. 땅이 척박할수록 이러한 공생관계는 좋아진다. 영양분이 많은 토양에서는 식물이 굳이 곰팡이와 공생할 필요가 없는 것이다. 영양분이 없는 토양에서 곰팡이의 역할이 빛나는 것이다. 식물의 뿌리보다도 곰팡이의 균사가 더운 미세하고 가늘기 때문에 뿌리와 공생한 곰팡이의 균사가 토양을 헤쳐나가 멀리까지 도달하고 한쪽 끝은 아직도 식물과 연결되어 있기 때문에 멀리 있는 영양분을 섭취하여 식물에게 전달할 수 있는 것이다. 위에서 언급한 것처럼 역시 식물은 광합성을 하여 만들어 낸 탄소 위주의 먹이를, 곰팡이는 질소 또는 인 관련 다른 영양분을 식물에 제공한다. 실제 어떤 식물은 뿌리에 연결되어 있는 곰팡이의 사이즈가 거의 축구장만하다는 보고가 있다. 아마 우리가 밟고 있는 토양의 아래에는 곰팡이의 네트워크로 되어 있는 세계가 존재할 것이다.

질소고정nitrogen fixation, 즉 대기 중의 질소를 암모니아로 전환하는 일은 미생물만이 할 수 있는, 전 지구적으로 엄청나게 중요한 이벤트이다. 실제 대기 중의 80%나 차지하고 있는 질소가스를 이용할 수 있는 생물은 지구상에 질소고정 미생물 이외에 아무도 없다. 대기 중의 질소가스를 이들 미생물이 가진 효소를 이용하여 모든 생물이 이용할 수 있는 암모니아로 전환한다. 이렇게 전환된 암모니아는 생물체의 중요한 구성성분인 단백질의 성분인 아미노산으로 전환된다. 단백질은 아미노산이 모여 만들어진 중합체이다. 단백질은 세포의 구성성분으로 없어서는 안 되는 성분이다. 앞에서 설명한 대부분의 효소는 단백질로 되어 있다. 토양과 같은 환경에서 질소는 항상 결핍되어 있다. 세포의 중요한 성분이니 생물이 생장하기 위하여 빨리 섭취하고 세포의 구성성분으로 만드는 것이다. 자연 상태의 식물과 미생물의 생장이 인위적 생장보다 느린 이유가 주로 질소성분의 부족 때문이다. 인위적으로 질소가 제공되지 않는 환경에서는 생물이 죽고 분해되면 다시 단백질이 분해되고 여기서 얻은 아미노산을 재활용한다. 질소가 부족한 자연환경에 질소비료를 제공하면 엄청나게 식물과 미생물의 생장이 늘어난다. 물론 과다하면 다른 부작용도 있겠지만, 이러한 이유로 농업에서 가장 많이 사용되는 비료가 질소비료인 것이다.

질소고정을 하는 미생물은 모든 식물과의 상호작용 없이도 스스로에게 필요하기 때문에 질소고정을 하는 미생물이 있는 반면에 어떤 미생물은 식물과 상호작용을 통한 질소고정을 한다. 광합성 작용이라는 지구상에서 중요한 역할을 수행하는 일부 시안세균도 질소고정을 한다. 대기 중의 이산화탄소를 다른 탄소원으로 전환하여 1차 생산을 하고, 또 다른 대기 중의 성분인 질소를 암모니아로 전환하는 능력을 가진 시안세균이야말로 지구상에서 가장 중요한 미생물이라고 할 수 있다. 질소고정과 함께 또 다른 과정이 인산의 수용화이다. 수용화란 녹아 있지 않은 물질을 물에 녹게 하는 과정이다. 어떤 물질이든 물에 녹아 있어야 생물이 쉽게 이용할 수 있다. 인산은 토양 등의 환경에 존재할 때 화학적인 특성 때문에 물에 녹지 않은 상태로 존재한다. 인산은 질소와 더불어 두 번째로 많이 필요한 식물의 필요성분이다. 세포를 둘러싸고 있는 막이나 DNA의 성분이기 때문에 없어서는 안 되는 매우 중요한 영양성분인데 인산 역시 요구도가 많기 때문에 항상 결핍되어 있다. 농업에서 질소비료와 함께 다음으로 많이 사용되는 비료가 인산비료이다. 미생물은 이러한 물에 녹아 있지 않은 상태의 인산을 물에 녹게 만들어 준다. 특별한 효소를 이용하여 단백질에 붙어 있는 인산이나 물에 녹아 있지 않은 상태를 수용성으로 바꾸어 준다. 농업에서 질소비료와 인산비료를 대체할 수 있는 방법이 이러한 기능을 하는 미생물을 잘 활용하는 것이다.

하지만 다른 미생물들은 식물에 때로는 병을 일으키며 끊임없이 식물을 괴롭힌다. 식물은 이에 대하여 반응하면서 질병으로부터 자신을 지키기 위하여 노력한다. 일부 미생물은 식물 세포에 독소를 분비하여 병을 일으킨다. 미생물에 의한 식물의 병으로 인해 수확량 손실, 농약 등의 살포로 인한 경제적 부담과 이에 따른 환경적 문제들이 오래전부터 대두되었기 때문에, 최근에는 친환경 미생물제제 개발, 유전자변형 식물을 통한 식물병원균 내성 식물개발 등의 연구가 진행되며, 실제로 많은 연구결과들이 상용화되고 있다. 식물-미생물 상호

관계에 대한 연구에서 식물병 억제에 관한 연구는 친환경 농업의 근간을 이루는 매우 중요한 분야임에 틀림이 없다. 식물은 면역이라고 부르는 시스템이 없지만 병을 일으키는 미생물이 식물에서 활동을 시작하면 식물은 식물체 전역에 이를 알리는 물질을 만들어 전달한다. 흥미로운 점은 우리가 머리가 아플 때 먹는 아스피린의 원료가 살리실산salicylic acid인데 식물의 이러한 신호전달 물질의 대표적인 것이 살리실산이다. 이러한 물질이 식물체를 타고 돌면 다른 부위의 식물세포들이 현재 식물에 미생물이 침투해 온 것을 알게 되는 것이다. 병원균의 침투를 알아차린 식물은 세포에서 세포벽을 두껍게 만들어나 병원균이 더 이상 퍼지지 않게 병원균 침투 부위를 일부러 고사시키거나 하는 일들을 한다.

식물에 존재하는 유용미생물들은 이러한 병원미생물과 끊임없이 경쟁하며 살고 있다. 이러한 유용미생물을 잘 활용하면 식물병을 억제할 수 있을 것이다. 이러한 과학적 접근을 생물적 방제biocontrol라고 한다. 생물적 방제에는 미생물만이 사용되는 것은 아니다. 곰팡이를 잡아먹는 곤충을 사용하는 생물적 방제는 이미 다양한 매체에서 소개되어 많이 알고 있을 것이다. 생물적 방제의 원리에는 다양한 기작이 있지만 가장 간단한 원리가 서식지를 차지하는 것이다. 병원균이 세포에 들러붙지 못하게 이미 유용미생물이 존재하고 있다면 병을 억제할 수 있다. 농업에서 유용미생물을 미리 살포하여 토양 또는 식물의 표면에 부착시켜 놓으면 병원균에 의한 병을 억제할 수 있다. 다른 기작은 유용미생물이 항생제와 같은 물질을 분비하여 병원성 미생물을 죽이는 것이다. 식물 자체의 유전자를 변형하여 이러한 항생제를 식물이 만들게 하거나 위에서 언급한 침투를 알리는 신호물질을 계속 만들게 하거나 하면 병원균에 강한 식물을 만들 수 있다. 이것이 그 유명한 GMO[genetically modified organisms]이다. 시중에 많이 나와 있는 유전자변형식물은 이러한 이유에서 만들어진 것이 많다. 인체의 건강과 질병과 관련된 미생물학의 연구는 지금까지 많은 진전을 보인 만면, 식물-미생물 상호작용에 대한 분야는 아직 모르는 것이 너무나도 많다. 농업의 주요 작물들에 대한 연구와 관련 미생물학과의 융합 분야가 앞으로 계속 진행되어 농업 분야 발전에 미생물학의 많은 기여를 기대해 본다.

용어 설명

식물 내생미생물(endophytic microorganisms) 생활사 동안 식물의 내부에서 생장하는 주기를 갖는 미생물 부류로, 대부분 비병원성균으로 식물과 공생관계의 상호작용을 하는 세균 또는 곰팡이.

착생 미생물(epiphytic microorganisms) 식물의 줄기, 잎, 뿌리 표면에 들러붙어 생활하는 미생물 부류.

카르테노이드(carotenoid) 카르테노이드는 비타민 A의 전구체로 쓰이는 색소물질로 강력한 항산화물질이며 과일과 야채 등 자연계에 흔하게 분포하며, 흔히 알고 있는 베타카로틴, 라이코펜, 루테인, 아스타잔신 등이 카르테노이드의 일종.

옥신(auxin) 식물의 생장을 조절하는 식물호르몬의 일종으로 식물성장과 발근을 촉진하고, 낙과를 방지하며, 착과를 조절하는 물질.

주

1. Brader, G., Compant, S., Mitter, B., Trognitz, F. & Sessitsch, A. Metabolic potential of endophytic bacteria. *Curr Opin Biotechnol* 27, 30-37 (2014)
2. Muller, T. & Ruppel, S. Progress in cultivation-independent phyllosphere microbiology. *FEMS Microbiol Ecol* 87, 2-17 (2014)
3. Vorholt, J. A. Microbial life in the phyllosphere. *Nat Rev Microbiol* 10, 828-840 (2012)
4. Kang, Y. S. et al. *Methylobacterium platani* sp. nov., isolated from a leaf of the tree Platanus orientalis. *Int J Syst Evol Microbiol* 57, 2849-2853 (2007)
5. Sandmann, G. Carotenoids of biotechnological importance. *Adv Biochem Eng Biotechnol* 148, 449-467 (2015)
6. Bringel, F. & Couee, I. Pivotal roles of phyllosphere microorganisms at the interface between plant functioning and atmospheric trace gas dynamics. *Front Microbiol* 6, 486 10.3389/fmicb.2015.00486 (2015)

11장 식품과학, 발효과학과 미생물학

식품과학은 식품공학, 식품안전, 식품분석, 식품포장, 식품미생물, 식품서비스산업, 전통발효식품 분야 등 다양한 분야들로 이루어진 과학 분야로 이미 융합 분야이다. 특히 이러한 분야 중에 식품미생물학 분야는 주로 전통발효식품의 제조 및 가공, 발효유제품 및 각종 생리활성물질 생산 등의 분야에 초점을 맞추어 세계 각국에서 연구를 진행하고 있다. 식품미생물학의 분야에는 식품생산을 위한 미생물 이용 분야와 식품부패와 식중독 질병과 관련 미생물 위생 분야로 크게 나눌 수 있다. 미생물 이용 분야는 미생물 자체를 이용한 식품사업과 발효산업 그리고 미생물이 생산하는 다양한 유기산organic acid, 아미노산, 핵산, 비타민, 호르몬, 단백질 등의 생리활성 유용물질 생산의 미생물 분야가 있다. 미생물 위생 분야는 주로 식품의 부패원인과 병원 미생물의 감염경로 및 제어 등의 연구 분야가 있다. 많은 식품과학에 이렇게 미생물학이 관여하기 때문에 식품과학과 미생물학은 전통적으로 오랫동안 상호 관계를 맺어 왔다.

과거 조상들이 음식을 저장하기 위하여 여러 가지 방법을 사용하였고 이러한 방법에는 항상 미생물이 관여해 왔다. 예전에 이러한 미생물의 역할에 대하여 잘 인지하지 못하고 막연히 좋은 것으로만 생각해 왔지만 현재 이들이 만드는 유용물질을 알아내기 위한 다양한 분석기술과 음식 안에 존재하는 미생물의 종류를 확인하는 등의 미생물학적 기술을 이용하여 이들의 중요성에 대한 과학적 입지를 마련하기 위하여 노력하고 있다. 농경사회에서는 음식을 저장하고 부패를 막고 보존하는 일이 매우 중요했다. 위의 과정을 잘 수행할 수 있는 방법이 발효이다. 우리가 현재 알고 있는 발효식품에는 우유 발효식품인 치즈, 요구르트 등이 있고, 육류 발효식품인 소시지, 또한 맥주, 와인, 식초, 간장, 김치, 낫토 등 발효 음식은 전 세계에 셀 수 없을 정도로 많이 존재한다. 이들은 인류의 조상들이 음식을 보존하고 부패를 방지하기 위하여 의도적으로 또는 다양한 시행착오를 겪으며 현재까지 전달된 방법이다. 이 모든 발효식품에 미생물이 관여한다. 우리나라에서도 전통적으로 다양한 발효식품이 만들어져 왔다(그림 1). 발효식품에 관여하는 미생물은 다양하지만 특히 두 부류의 미생물이 제일 중요하다. 하나는 젖산균 lactic acid bacteria이고 다른 하나가 효모yeast이다. 젖산균은 흔히 유산균으로도 불리는데 탄수화물과 같은 다양한 탄소원을 이용하여 유산 혹은 젖산이라고 부르는 락틱산lactic acid을 많이 생성하는 세균이다. 자연환경에도 많이 존재하는 유산균은 산소가 없는 상태에서 생장하며, 자라면서 만들어 낸 산성 성분의 젖산은 병원균이 잘 자라지 못하는 환경을 만든다.

그림 1 한국의 우수한 발효식품의 예. 된장, 고추장, 젓갈, 막걸리, 간장, 청국장(출처: 과천국립과학관).

때문에 보통의 유산균 제품에는 병원균이 잘 성장하지 못한다. 유산균은 호기적 미생물이 호흡을 위하여 가지는 시토크롬cytochrome을 가지지 않아 ATP생산을 위하여 발효fermentation로만 생장한다.[1] 유산균의 활발한 활동은 장내 병원균의 억제를 가져와 질병예방에 도움을 주는 것으로 알려져 있다.[1] 또한 이들이 만들어 낸 환경이 장내 미생물군집을 바꾸어 암의 예방과 수명연장 등 인간의 건강을 결정한다는 보고도 최근 많이 나오고 있다.

흥미롭게도 유산균이 생산하는 아세틸콜린acetylcholine, 감마아미노뷰티르산GABA, Gamma-aminobutyric acid 등과 같은 물질은 신경세포와의 반응을 통해 인간의 뇌활동과도 연관이 있는 물질이다.[2] 이러한 내용에 대하여는 13장의 건강과 미생물에 가서 더욱 자세히 설명하려고 한다. 이들이 만들어 낸 유산은 장 운동을 촉진시켜 인간의 건강을 도와줄 뿐만 아니라 최근에 이러한 유산균이 내는 다양한 물질의 의학적 가치가 크게 조명받고 있는데, 아토피, 관절염 등 인간의 면역질환과 관련된 질병의 개선에 효과가 탁월한 것으로 보고 되고 있다. 대표적인 유산균으로는 락토바실러스*Lactobacillus*, 비피도박테리움*Bifidobacterium* 등이 있고 이들은 우리 몸에 유용한 균으로 알려져 있으며 이러한 균들을 프로바이틱스probiotics라고 한다. 최근에 이러한 프로바이틱스의 유산균들이 면역 관련뿐만 아니라 장내 세포를 자극하여 인간의 뇌에도 영향을 준다는 연구결과가 보고된 바 있다.[2] 하지만 이러한 유산균을 섭취하였을 때 강한 산성 환경인 위를 통과해야 장에 도달할 수 있는데 장내에서 대부분의 균이 사멸하기 때문에 유효성에 대한 논란이 일부 있다. 때문에 많은 양을 섭취하여 장에 도달할 확률을 높이든지 아니면 캡슐형태의 유산균을 섭취하여 사멸하는 수를 줄이든지 하는 노력을 기울이고 있다. 최근 연구에서 인간의 위stomach의 산도 정도가 어린아이나 노인과 청년층이 어느 정도 다를 수 있고 또한 식사하기 전후 또는 건강상태 등의 몸의 상태에 따라 다를 수 있어 어느 정도의 섭취한 유산균은 안전하게 장에 도달할 수 있을 것으로 보고된 바가 있다.

하지만 발효과정에서 좋은 물질만 만들어지지 않는다. 가장 신경 쓰는 물질이 히스타민histamine과 티라민tyramine 같은 아민

amine 종류의 물질이다. 우리가 알고 있는 많은 식품의 발효과정에서, 가령 치즈, 와인, 김치, 젓갈 등에서 미생물에 의하여 아민이 만들어진다. 이렇게 생물학적으로 만들어지는 아민을 바이오제닉 아민biogenic amine이라고 부른다. 히스타민은 이름에서 유추할 수 있듯이 아미노산 중 하나인 히스티딘histidine이 탈탄산decarboxylation된 것이고 티라민은 티로신tyrosine이 탈탄산 되어 만들어진 아민이다.[3] 히스타민은 알러지 반응과 염증, 혈관확장, 두통, 아토피, 가려움증 등을 유발하는 것으로 알려져 있고, 부패한 생선, 오염된 고등어, 꽁치 통조림 등을 섭취하면 특히 히스타민에 의한 증상들이 유발되는 것으로 알려져 있다. 티라민의 경우에는 숙성치즈, 맥주, 와인 등에 많이 존재하는 것으로 알려져 있으며 알러지를 유발하고, 혈관을 수축시켜 혈압을 상승시키는 작용이 있다. 히스타민과 티라민은 모두 식중독의 원인으로도 알려져 있다. 이러한 바이오제닉 아민의 생성을 막기 위해 미생물학적인 이해가 필수이다. 현재 바이오제닉 아민 생성을 줄이기 위해 발효식품의 발효미생물에 대한 연구와 저장상태 연구, 발효시간의 조절, 생산억제 물질의 첨가 및 발효음식의 보존제 등에 관한 다양한 연구가 이루어지고 있다.[3]

효모라는 단어는 '효소의 어머니'(酵母)라는 의미이다. 필자도 잘 몰랐지만 재미있는 어원이다. 어원으로 보자면 효모가 많은 효소를 가지고 있는 대표적인 세포인 셈이다. 그렇기 때문에 효모에는 각종 효소가 많이 들어 있어 인간의 소화와 대사를 도와주는 역할을 한다. 효모를 기반으로 한 식품은 빵, 맥주, 와인이 대표적이다. 맥주의 경우 발효과정이 복잡하고 많은 과정이 포함되어 발효를 이해하는 것이 어렵지만 와인의 경우 비교적 단순하다. 포도에 함유되어 있는 포도당의 발효가 비교적 쉽게 진행되기 때문이다. 맥주 또는 와인 효모*Saccharomyces cerevisiae*는 우리가 알고 있는 곰팡이로 과학적으로는 진균으로 분류되고, 세포 내에서 진행되는 일들이 인간과 식물의 세포에서 진행되는 일들과 비슷하기 때문에 미생물 생명공학에서 모델 연구균주로 사용되는 아주 유명한 미생물이다. 최근에 이러한 효모를 건강보조식품으로 직접 섭취하는 분들이 많이 늘고 있다고 한다. 단백질이 많이 함유된 효모는 좋은 영양분이 되기도 하지만 이들은 DNA를 생체량에 비해 많이 가지고 있고 DNA의 구성성분인 푸린purine을 다량 함유하고 있어 요산을 만들어 통풍을 유발한다. 따라서 통풍 환자에게는 다량의 효모섭취를 금하여야 한다. 하지만 잘 알고 있는 것처럼, 푸린은 핵산을 만드는 전구체로 핵산의 경우 노화방지, 세포의 성장, 기억물질 합성 등 인체에 매우 중요한 물질로 지나치지 않은 효모의 섭취는 인간의 건강에 도움을 줄 수 있다.

우리나라의 대표적인 발효식품이 김치이다. 지역마다 사용하는 재료마다 다양한 맛을 내는 김치는 발효미생물의 보고(寶庫)이다. 김치에는 특히 3종류의 유산균이 다량 함유되어 있다. 앞에서 설명한 락토바실러스*Lactobacillus* 이외에 류코노스탁*Leuconostoc*, 바이셀라*Weissella*의 두 가지 유산균이 김치가 발효하면서 우점하게 된다.[4] 다양한 재료들이 들어가기 때문에 갓 담근 김치에는 복잡한 미생물군집이 이루어져 있지만 김치가 숙성하면서 산성이 되고 여기에 견딜 수 있는 유산균 위주의 군집이 형성되게 된다. 형성된 유산균들이 김치 맛을 내는 물질과 향을 내어 우리가 소비하는 김치를 만들게 된다. 아직까지 표준화된 김치제조공정이 없기 때문에 만드는 사람에 따라 다른 맛을 낸다. 김치숙성의 열쇠가 되는 미생물의 종류와 이들의 생리 및 생태를 연구하여 김치제조공정의 표준화를 이루려는 노력을 하고 있다. 그래야 균일한 맛을 내는 김치를 과학적으로 제조하여 수출에 도움이 될 수 있을 것이다. 우리나라는 현재 이러한 연구를 수행하기 위하여 2010년 한국식품연구원 산하에 세계김치연구소World institute of kimchi를 광주광역시에 설립하였다. 현재 각 김치공장에서는 이들 유산균이 섞여 있는 미생물 복합체를 가지고 김치를 제조하고 복합체를 유지하고 있지만 이들의 생리적 기능과 복합체 형성유지에 대한 연구는 미흡하여 이에 대한 연구도 진행되어야 할 것이다. 최근 연구에 의하면 앞에서 열거한 유산균 이외에 새로운 유용 유산균이 다량으로 김치에 포함되어 있는 것으로 보고되었다. 흥미롭게도, 심지어 지금까지 알려지지 않은 고균과 세균을 기주로 하는 박테리오파지bacteriophage도 다량 포함되어 이들의 역할과 기능에 대한 연구가 현재 진행 중이다. 예전에 미지의 세계였던 발효식품의 미생물의 종류와 역할, 기능에 대하여 현재 활발히 연구되고 있는 것이다.

필자가 아침에 자주 먹는 음식으로 일본 전통음식 낫토natto가 있다. 대학생 시절에 일본 친구의 집에서 머무른 적이 있는데 아침에 미소국물과 낫토, 그리고 김을 먹던 추억이 아직도 잊혀지지가 않는다. 그래서 그런지 낫토를 무척 좋아하게 되었는데, 요즘은 다양한 식품회사에서 손쉽게 낫토를 구입

그림 2 바실러스 낫토 균주를 이용하여 만든 낫토 시제품. 바실러스 낫토 균주 이외에 다양한 유산균이 함유되어 있다

할 수 있어 유용하게 활용하고 있다. 미국에 연구년으로 다녀왔을 때도 미국 슈퍼마켓에서 낫토를 팔고 있었다. 미국 헬스 잡지가 선정한 세계 5대 건강식품에 앞에서 설명한 우리나라의 김치 이외에 낫토, 스페인 올리브오일, 그리스 요구르트, 인도 렌틸콩이 있다고 한다. 인도의 렌틸콩은 한 번도 접해 본 적이 없는데 말린 콩 종류라고 한다. 콩이라 단백질이 풍부한 것은 물론 콜레스테롤을 낮추는 섬유질이 풍부하다고 한다. 아무튼 낫토는 콩 식품이기 때문에 단백질, 철분, 칼슘, 비타민, 식이섬유 등이 풍부하다. 바실러스 낫토Bacillus subtilis var. natto라는 세균의 발효로 만들어진다(그림 2).

바실러스 낫토는 고초균으로도 불리는데 고초는 시들어 마른 풀이라는 뜻이다. 시들어 마른 풀에 이와 같은 고초균이 자라면서 실과 같은 균사를 만드는 것이다. 실제 바실러스는 영양분이 많은 곳에서 자라는 자연환경에서 아주 흔한 균이다. 이들은 포자체로 토양 속에도 존재하고 공기 중에도 떠다니기도 하며 콩 껍질에도 생존하고 있을 것이다. 하지만 이러한 다양한 바실러스 균이 콩의 발효에 사용되어 낫토를 만들었을 때 나오는 맛이 일정하지 않고 발효과정에 문제가 있을 수 있기 때문에 종균을 사용하여 낫토를 제작하는 것이 현명하다. 낫토는 발효과정에서 다양한 유용물질을 생산하기 때문에 사람의 건강에 좋다고 보고되고 있다. 최근에는 낫토 생성과정에서 분비되는 낫토키나제란 효소성분이 혈전을 용해하고 혈류를 원활하게 한다고 알려져 있고, 이러한 이유로 고혈압과 알츠하이머에 효과가 있다는 논문이 다수 보고되고 있다.[5] 낫토에 들어 있는 다른 다양한 효소들이 활성산소reactive oxygen species를 줄여 노화방지에 좋다는 연구결과가 보고되었다.[5] 낫토를 끓여 먹으면 우리나라의 청국장이 되는데 유산균과 유효성분이 일부 파괴되어 낫토 자체보다는 영양성분이 줄어들것으로 생각되지만, 그래도 유용성분들이 많이 들어 있기 때문에, 균이 만들어 낸 대사물질 등이 인간의 면역 활동, 노화방지 등에 좋다고 한다.

이러한 식품과학 관련 미생물에는 유용미생물만이 존재하는 것은 아니다. 식품에 존재하여 식품을 부패시키고 사람에도 질병을 유발하는 다양한 병원균이 존재한다. 이와 관련하여 식품 분야에서는 식품위생 측면에서 많은 검사와 노력을 기울이고 있다. 식중독의 발생도 이러한 위해 미생물에 의하여 초래된다. 식중독은 이러한 유해균 자체뿐만 아니라 이들이 분비한 독소와 화학물질에 의하여도 발생한다. 햄버거 식중독의 원인인 대장균 O157균은 장 출혈성 대장균으로 심한 경우 뇌장애 및 사망에 이르게 할 수도 있다. 이외에도 황색포도상구균*Staphylococcus aereus*, 살모넬라*Salmonella*, 장염비브리오*Vibrio*, 캠필로박터*Campylobacter*, 리스테리아*Listeria*, 노로바이러스*Norovirus* 등 다양한 식중독 관련 미생물이 존재하며 이들로부터 인간의 건강을 보호하기 위하여는 개인위생관리를 철저히 해야 하며, 식품을 다루는 조리기구들을 잘 관리하고, 깨끗한 채소, 어패류를 사용하여야 한다. 일부 식중독균은 끓는 물에서도 생존하기도 하고 저온에서도 존재하고, 심지어 캔 제품에서도 존재하기 때문에 이들 병원균의 검출과 관리가 식품사업에서 매우 중요한 분야이다. 최근 학교급식에서 슈퍼 식중독균인 클로스트로디움균*Clostridium difficile* 때문에 심각한 식중독이 발생한 사례들이 늘고 있다. 클로스트로디움균은 설사를 유발하는 가장 흔한 세균성 식중독균으로 포자를 형성하여 환경스트레스에 강하기 때문에 위에 언급한 다양한 환경에 서식할 수 있다.[6] 이러한 일들에 대하여 대응하기 위하여는 신속한 식중독균 검출이 동반되어야 한다.[6] 현재는 중합효소 연쇄반응PCR, polymerase chain reaction에 의존한 병원성 미생물의DNA검출이 주로 사용되고 있다. 향후 다양한 바이오센서를 이용한 식중독균 검출이 식품과학에서 각광을 받을 것으로 예상되고 있다.

앞 장에서 설명한 바와 같이 미생물은 인간의 건강에 유용한 다양한 생리활성물질을 생산한다. 이러한 물질을 이용한 식품사업이 인기가 많다. 의약용 제약은 아니지만 식품보조제로서의 물질은 규제도 덜 심하고 효과도 있기 때문에 많은 사업자들이 그에 대한 관심이 높다. 특히 아미노산, 핵산, 비타민, 호르몬과 같은 생리활성 유용물질 생산이 인기가 많다. 미생물은 유전자 조작이 용이하고 대사회로의 변경이 가능하기 때문에 우리가 원하는 물질을 대량으로 생산할 수 있도록 변경시킬 수 있다. 특히 앞에서 설명한 면역조절기능을 수행할 수 있는 다양한 물질이 유산균에서 생산되고 있으며 이들의 대량생산과 식품첨가물로서의 활용에 대한 연구가 진행되고 있다. 인간의 질병억제를 위한 다양한 물질은 물론 병원성미생물의 생장을 저해하는 항균제 또한 미생물로 생산할 수 있다. 미생물 중에 대부분의 생리활성물질은 토양에서 서식하는 방선균에 의하여 생산되었으며 지금까지 미생물에서 유래된 생리활성물질 중 70% 정도가 비병원성 방선균 Streptomycetaceae에 의하여 유래된 것이다. 하지만 이들 생리활성물질의 시장이 포화되고 있어 새로운 식품첨가 생리활성물질을 찾기 위하여 식품 자체에서 미생물의 기능과 이들이 분비하는 물질에 초점을 맞추어 연구가 진행되고 있다. 특히 항균, 항산화, 항암, 노화방지 등의 효과를 보이는 식품 미생물 유래 생리활성물질의 개발이 선호되고 있으며 김치, 각종 장류, 유제품에서 이들을 검출하고 대량생산으로 이어질 수 있도록 하는 방법을 모색하고 있다. 많은 생리활성물질이 아미노산의 중합체인 펩타이드계열이 많은데 이들 아미노산의 조합에 따라 인체의 세포막에 결합하여 세포의 유전자발현과 표현형 변화를 유도하게 된다. 현재 이러한 다양한 펩타이드 유래 물질의 작용기작에 대하여서는 많은 대학과 국가연구소에서 연구가 진행 중이며 인체에 위해성이 없는 경우에는 작용기작에 대하여서는 정확하게 몰라도 효과가 있으면 상업화가 되고 있는 실정이다. 식품과학과 미생물학의 융합 분야는 설명한 것처럼 크게 발효와 위생으로 요약된다. 발효는 오래된 융합 분야임에도 아직 정확한 과학적인 사실을 알지 못한 채 인간의 역사에서 끊임없이 사용되어 왔다. 위생은 인간의 질병과 매우 밀접한 분야이기 때문에 매우 중요한 관심사항이다. 이 둘 과학 분야의 융합을 통하여, 앞으로 보다 과학적인 지식을 제공하는 식품미생물학 분야가 될 것이다.

용어 설명

유기산(organic acid) 아세트산, 옥살산, 타르타르산, 벤조산 등과 같이 카르복시산에 속하는 것과, 요산과 같은 카르복시산이 아닌 것을 망라하여 산성을 갖는 유기 화합물 전체를 총칭하는 용어.

시토크롬(cytochrome) 미생물을 포함하는 생물의 세포막에 위치하고 ATP를 생성하기 위한 산화-환원 반응을 하는 전자 전달계의 단백질로 생리적인 활성을 갖기 위해 힘(heme)을 가지는 단백질.

발효(fermentation) 미생물이 산소 등과 같은 외부에서 유입되는 전자수용체(electron acceptor)가 아니라 자신이 세포 내에 가지고 있는 전자수용체를 이용하여 호흡하며 유기물을 분해시키는 과정.

박테리오파지(bacteriophage) 세균을 가해하는 바이러스를 가리키는 용어.

중합효소 연쇄반응(PCR, polymerase chain reaction) 미량의 DNA시료를 이용하여 특정 부분의 DNA를 열에 강한DNA중합효소를 이용하여 간단하게 수십만 배로 증폭하는 기술.

주

1. Pessione E. Lactic acid bacteria contribution to gut microbiota complexity: lights and shadows. *Front Cell Infect Microbiol* 2, 86 10.3389/fcimb.2012.00086 (2012)
2. Wall, R., et al. Bacterial neuroactive compounds produced by psychobiotics. *Adv Exp Med Biol* 817, 221-239 (2014)
3. Naila, A., Flint, S., Fletcher, G., Bremer, P. & Meerdink, G. Control of biogenic amines in food--existing and emerging approaches. *J Food Sci* 75, 139-150 (2010)
4. Jeong, S. H., Lee, S. H., Jung, J. Y., Choi, E. J. & Jeon, C. O. Microbial succession and metabolite changes during long-term storage of Kimchi. *J Food Sci* 78, 763-769 (2013)
5. Dabbagh, F. et al. Nattokinase: production and application. *Appl Microbiol Biotecnol* 98, 9199-9206 (2014)
6. Hoover, D. G. & Rodriguez-Palacios, A. Transmission of *Clostridium difficile* in foods. *Infect Dis Clin North Am* 27, 675-685 (2013)

12장 첨단생명공학을 위한 미생물학

미생물학은 생명공학을 위해서 그동안 많은 기여를 해 왔다. 필자가 대학교와 대학원에 재학하던 때만 해도 식물학과 동물학의 분자생물학적인 연구가 엄청 어려운 시절이었다. 분자생물학 연구를 하려면 세포 안의 DNA를 넣거나 조작하고 배양해야 하는 등의 과정이 필요한데 동물세포와 식물세포를 가지고 이러한 연구를 하기에는 여러 가지 기술적인 한계가 있었다. 또한 대장균*Escherichia coli*을 비롯한 어떤 생물의 유전체도 밝혀지지 않은 상태였다. 처음 유전체가 밝혀진 것이 1995년, 병원성 세균인 헤모필루스 인플루엔자*Haemophilus influenza*이다. 이 병원성 세균은 뇌수막염, 후두개염, 폐렴 등의 감염 질환의 원인균이다. 1997년에 2번째로 대장균의 유전체가 밝혀졌다. 이후부터 급속도로 유전자 관련 연구가 활발해지기 시작했다. 미생물학에서 모델로 사용하는 대장균과 효모*Saccharomyces cerevisiae*는 그 당시에 식물과 동물에서 하지 못하는 기술적 한계를 극복하였기 때문에 생물학의 모델로 많이 사용되었다. 특히 효모는 진핵생물이기 때문에 세포 안에서 일어나는 일들이 인간의 세포와 유사한 점이 많다. 인간세포나 식물세포의 분자생물학적 연구의 대체 모델로 효모를 사용하여 1990년대 후반부터 활발한 연구를 시작하게 되었고 많은 연구결과들이 인간의 세포생물학에 적용되었다. 앞에서 설명한 고균archaea 또한 생긴 모습은 세균과 닮아 있지만, 세포 안에서 일어나는 일들이 인간과 식물의 세포와 비슷하여 인간세포의 대체모델로 아직까지도 이용된다.[1]

하지만 현재에는 동물세포와 식물세포의 유전자 조작이 용이하고 많은 바이오 관련 회사들이 연구개발을 통하여 관련 키트를 제작하여 판매하고 있기 때문에 미생물을 고등생물의 대체 모델로 연구하지는 않는다. 효모의 경우는 20여 년 넘는 동안 많은 노하우가 축적되었기 때문 아직까지 고등생물의 세포에서 밝히지 못하는 새로운 현상이 발견되어 고등생물로 일부 적용되기도 한다. 그래도 미생물 세포를 아직도 연구하는 이유는 분명히 있다. 증식속도가 빠르기 때문에 단기간에 결과를 볼 수 있고, 아직까지도 유전자조작이 간단하고 용이하며, 특히 고등생물이 포함하고 있는 미토콘드리아나 엽록체 안의 유전자가 미생물의 유전체와 유사하여 고등생물의 세포 소기관 연구의 이해에 도움이 된다. 미토콘드리아는 고등생물의 에너지를 만들어 내는 세포 소기관이다. 미토콘드리아 안에는 고등생물 세포의 핵 안에 있는 염색체 DNA 이외에 다른 짧고 간단한 DNA가 들어 있다. 이 DNA를 분석해 보면, 세균의 프로테오박테리아 분류균, 즉 대장균의 DNA와 유사한 DNA이다. 식물의 광합성을 담당하는 엽록체 안에도 DNA가 들어 있는데, 신기하게도 광합성을 하는 시안세균cyanobacteria의 DNA정보와 유사하다. 많은 과학자들이 이들 세균이 진화과정에서 고등생물의 세포 안으로 들어간 것으로 믿고 있는 이유이다. 이것이 내부공생설endosymbiosis 이론이다. 그렇기 때문에 세균의 에너지 생산과정의 연구와 시안세균의 광합성 과정의 연구는 고등생물의 세포의 이해에 도움을 준다. 이러한 연구는 미생물의 진화와 크게는 생물의 진화연구에도 중요하다.

현재 생명과학 또는 생명공학 부문에서 제일 많이 연구되는 것이 암 관련 연구, 줄기세포, 노화연구, 뇌과학 연구 등일 것이다. 모두 어떻게 하면 오래 살 수 있을지, 질병을 치료할 수 있을지에 대한 연구로서, 인류의 계속적인 존속을 위해 매우 중요한 연구일 것이다. 최근 암 연구와 미생물의 관련된 내용이 《네이처》에 소개되었다.[2] 논문에 의하면 암세포는 결국 세포가 이상 증식한 것인데 이상 증식하면서 많은 세포분비물이 만들어진다고 한다. 세포생물학에서는 이러한 분비물을 가지고 암을 진단하려는 노력을 하고 있다. 암세포가 특이적으로 분비하는 물질을 탐지하면 암을 조기에 진단할 수 있는 것이다. 일부 미생물들은 이러한 분비물을 인식하여 암세포에 접근하고 암세포를 죽일 수 있다고 한다.[2] 기존에 사용하던 암치료 물질을 세균으로 대체할 수는 없다. 하지만 미래에는 암치료 물질과 함께 미생물을 유용하게 잘 사용하면 암세포를 효과적으로 치료할 수 있을지도 모른다. 암세포도 동물세포이기 때문에 이러한 동물세포를 죽일 수 있는 미생물들은 병원균이다. 《네이처》에 소개된 연구의 내용은 앞에서 설명한 클로스트리디움*Clostridium novyi*-NT균의 독소유전자의 일부를 결핍시킨 돌연변이 균주가 쥐를 모델로 한 실험에서 암세포를 없앤다는 연구결과이다. 많은 암치료에 사용되는 약물이나 방사선 치료는 산소 존재하에 효과가 좋다. 산소 존재하에 활성산소가 만들어지면서 세포를 사멸시키는 것이다. 특히 암세포의 많은 부분이 대사활성이 왕성하여 이러한 치료가 효과적이지만 암세포의 일부분은 산소가 없는 상태에 존재한다고 한다. 이러한 경우 위에서 언급한 방법을 사용해도 암세포가 죽지 않고, 이러한 암세포들이 나중에 다시 재발하는 이유이기도 하다. 세균이 암세포를 죽이는 과정은 비교적 단순하다. 암세포 근처에서 암세포가 필요한 영양분을 미생물이 소모하여 결핍시키고, 암세포에 세포독성을 내는 독소를 분비하여 죽이는 것이다. 실용단계는 아니지만 클로스트리디움 이외에 살모넬라, 비피도박테리움, 대장균 등이 연구실에서 암세포를 죽일 수 있는 것으로 보고되었다. 클로스트리디움은 특히 포자형태로도 존재하기 때문에 혈관에 투여 시 좋은 결과를 얻을 수 있다고 한다. 아직 미생물을 이용한 암세포의 치료는 초기 단계이지만 매우 흥미로운 응용 분야가 아닐 수 없다.

동물과 식물 등의 고등생물은 호르몬과 같은 신호물질을 분비하여 세포들 사이에 소통을 한다.[3] 최근 연구결과에 따르면 인체 내에 존재하는 미생물들이 동물의 호르몬을 인식할지도 모른다는 연구결과가 소개되었다. 지금까지 생각해 보지 않았지만 인류와 진화를 같이 한 미생물이 인간이 내는 물질에 대하여 인지하고 반응하는 것이 어떻게 보면 놀랍지 않은 당연한 결과라고 볼 수 있다. 하지만 최근까지 이러한 내용에 대한 연구가 많이 진행된 바는 없다. 아직까지 인간이 분비하는 아드레날린adrenaline과 같은 호르몬을 직접적으로 인지하는 미생물의 단백질은 밝혀지지 않았지만 인체 호르몬에 노출된 미생물이 평소와 다르게 반응하는 것으로 보아 인지단백질이 있을 것으로 추정된다.

미생물은 이러한 고등생물의 신호물질뿐 아니라 스스로도 신호물질을 내어 소통한다. 인간은 소리를 내거나 때로는 제스처로 의사소통을 하지만 미생물은 화학물질을 내어 소통한다. 이러한 소통물질은 세포 수가 많아져서 밀도가 높을 때만 분비되는 것으로 알려져 있다. 혼자 있거나 적은 수가 존재할 때는 소통의 필요성이 없는지도 모른다. 이러한 소통기작을 쿼럼센싱quorum sensing이라고 한다. 쿼럼이란 '정족수'로 번역되는데 어느 정도의 정족수가 되어야 인지한다는 의미이다. 특히 병원성 미생물에 의한 질병억제 의학 분야에 쿼럼센싱이라는 분야가 활발히 연구되고 있다. 많은 미생물들은 질병을 유발하기 위하여 인체 내에서 함께 증식한다. 인체에 감염된 단일 병원균 세포는 혼자서는 독소를 분비하지 않는다. 독소를 분비해도 인체가 가진 방어시스템에 의하여 사멸할 것이 분명하기 때문이다. 정족수가 채워지기 전까지는 독소를 내지 않고 인체가 모르게 계속 증식을 하는 것이다. 어느 정도의 수가 되면 독소를 분비하는 유전자를 발현시키고 독소를 한꺼번에 많은 양을 내어 인체를 공격하는 것이다. 놀랍지 않은가? 인체를 가해하기 위하여 그룹행동을 하는 것이다. 식물병원균도 마찬가지이다. 이러한 병원성 미생물들의 의사소통을 억제하면 병원균에 의한 질병을 막을 수 있을지도 모른다.

의사소통을 하는 소통물질을 분해하거나 의사소통을 방해하는 비슷한 화학구조를 갖는 물질을 투여하는 등의 연구가 진행되고 있다.[4] 다행히 많은 토양미생물들은 이러한 의사소통을 하는 물질을 분해하는 효소를 지니고 있어 이러한 효소의 적절한 활용은 병원균을 억제하는 방법으로 사용될 수 있을 것으로 추측되고 있다. 또한 최근 이러한 의사소통을 방해하는 물질이 조류에서 추출되었는데 앞으로 비슷한 연구들이 계속 추진될 것으로 보인다.

미생물, 세균 등의 용어를 생각하면 이로운 것보다는 병을 일으키는 병원균이 제일 먼저 생각날 것이다. 하지만 지구의 모든 미생물 중에 인간, 동물, 식물 등에 병을 일으키는 미생물들은 그렇게 많지 않다. 대부분의 미생물들은 지구의 활동에 다양한 긍정적 영향을 주고 인간생활을 윤택하게 해준다. 하지만, 일부 미생물들은 다양한 생물에 병을 일으키고, 기생하기도 하며 생물을 사망에 이르게도 한다. 최근에 이러한 환경 내의 병원균들이 우리가 사용하고 있는 항생제에 대하여 내성을 가지게 되어 "슈퍼박테리아superbug"(많은 항생제에 내성을 보이는 세균)가 출현하여 문제가 되고 있다.[5] 병원에서의 항생제의 과다처방과 사용, 사용하고 남은 항생제의 부적절한 처리, 축산농가와 수산물 양식농가의 항생제 과다사용 등으로 인하여 우리 환경에 높은 농도의 항생제가 유출된 것이다.[6] 다행인 것은, 최근 《사이언스》지의 논문에 의하면 일부 항생제는 환경 내에서 미생물에 의해 분해가 쉽게 이루어질 수 있다고 한다.[7] 폐수처리과정에서 항생제가 침전되는 등 일부 항생제에 대한 환경 내 잔류 농도가 그렇게 높지 않을지 모른다. 하지만 테트라사이클린tetracycline처럼 일부 난분해성 항생제는 분해가 어렵기 때문에 환경 내에 높은 농도로 존재할 수 있다.

최근 들어 항생제 내성 슈퍼박테리아의 치료에 각광을 받는 병원성 미생물의 제어방법이 페이지세러피phage therapy이다.[8] 페이지phage란 세균을 감염하는 바이러스이다. 아직도 교과서에 박테이오파지, 파아지 또는 파지라고도 읽히며 소개되고 있다. 세러피therapy는 말 그대로 치료이다. 세균바이러스를 이용하여 치료한다는 의미이다. 특정 바이러스는 특정 세균만을 감염한다. 세균 감염 바이러스는 세균의 몸 안에 들어가 증식한 후 많은 복제 바이러스를 만들어 세균 몸을 뚫고 나오면서 세균을 죽인다. 세균의 안에서 세균의 자원을 이용하여 복제하고, 바이러스의 수가 늘어나면 세균을 사멸시키고 나오는 것이다. 이러한 세균바이러스는 특정 세균만을 감염하기 때문에 기존에 병원성 균 치료에 흔히 사용하는 항생제보다 특이적이다. 또한 적은 양을 사용해도 복제해서 양이 많아지기 때문에 초기 접종량이 많지 않아도 된다. 항생제가 침투하기 어려운 세균의 생물막biofilm에도 용이하게 침투할 수 있다. 그래서 항생제 내성균주의 박멸에 이용하려는 시도를 많이 하고 있다.

기존 항생제 시장이 포화상태로 새로운 항생제 개발이 점차 어려워지기 때문에 이에 대한 대안으로 페이지세러피가 뜨고 있는 것이다. 제약회사들이 어렵게 오랜 기간 동안 엄청난 비용을 들여 항생제를 개발해도 지속적으로 돌연변이가 발생하고 슈퍼박테리아가 계속 출현하는 등 문제점이 많아지자 회사들이 점점 새로운 항생제 개발을 기피하고 있다. 최근 기사에서 작은 돌연변이 하나가 미치는 경제적 영향에 대하여 언급된 적이 있다. 무려 1억 달러가 넘는 돈이 돌연변이 하나로 날아간다고 한다. 점점 항생제 관련 신약 개발을 기피하는 이유가 분명하다. 때문에 최근 국내 여러 회사와 국가기관에서도 페이지를 이용한 사업을 시작하였다. 그중 몇 개가 임상단계 시험 중이다. 이러한 여러 가지 이유 때문에 페이지세러피가 차세대 병원균치료제로 대두되고 있다. 때로는 여러 가지가 섞인 복합페이지 칵테일을 사용하기도 한다. 문제점도 있다. 모든 병원균에 대하여 그들을 가해하는 바이러스가 잘 알려진 것이 아니다. 또한 바이러스의 특성상 변이가 잘 일어날 수 있고, 이로 인하여 인체 내 유용세균이 해를 입을 수도 있다. 가야 할 길이 멀지만 최근에 여러 기관에서 페이지세러피를 이용한 치료를 시도하고 있다. 세균바이러스가 특히 살아 있는 세균에만 침입하기 때문에 식품에 존재하거나 환경에 존재하는 세균이 살아 있는지 죽어 있는지 검사할 때에도 이용될 수 있다.

바이러스와 관련된 최근 핫이슈가 CRISPR clustered regularly interspaced short palindromic repeats이다.[9] 아마 전문가가 아니면 한 번도 들어 본 적이 없는 용어일 것이다. 크리스퍼라고 줄여서 부르는데 미생물학자들보다 오히려 고등생물을 연구하는 학자들에게 더 유명한 용어이다. 그 이유는 이 단락의 마지막에 설명하도록 하겠다. 원래 세균의 유전체는 진화적으로 바이러스 유전자와 비슷한 유전자를 포함하고 있다. 지속적으로 공격을 받은 후 남은 잔재물일 수도 있고 일부러 만들어 놓은 방어수단일지도 모른다. 인간도 마찬가지이고 동·식물도 유전체 안에 바이러스 유전자들이 존재한다. 대부분은 실제 바이러스를 만들지 못하는 바이러스 유전자의 가닥들이다. 세균의 유전체 안에 크리스퍼라는 일련의 반복적인 염기서열이 존재하는데 이 반복염기서열은 기존 바이러스와의 전쟁 후 남겨진 것으로 생각된다. 이 반복염기서열 주변에는 CAS라는 단백질을 만드는 유전자도 포함되어 있는데 이 CAS와 반복염기서열이 만드는 RNA를 이용하여 외부에서 침투하는 바이러스나 플라스미드를 공격한다고 한다. 일종의 세균의 면역시스템이다. 세균과 앞에서 설명한 고균이 이러한 크리스퍼를 가지기 때문에 세균과 고균의 면역immunity시스템이라고 한다. 인간과 같은 동물에만 면역이 있는 것이 아닌가 보다. 최근 식물학에도 면역이라는 용어를 사용하는 것으로 보아 모든 생물에 비슷한 면역작용이 있다고 해도 과언이 아닐 것이다. 면역은 말 그대로 방어시스템이다. 이와 비슷한 작용이 진핵생물의 RNAiRNA interference이다. 비슷한 염기서열의 유전자가 세포 내로 들어오면 진핵생물도 이를 인지하고 분해하는 기작을 가지고 있다. 이러한 시스템이 왜 유명해졌을까? 물론 기초과학의 바이러스에 대한 세균의 방어와 진화기작의 이해 등에서 중요하지만 최근 이러한 기작을 이용하여 유전자발현을 조절하는 기법이 소개되면서 세균을 비롯한 많은 동식물 세포에서의 유전자발현 조절에 이용되면서부터이다. 바이러스의 유전자를 인식하여 DNA를 절단하는 CAS단백질에서 절단 부위를 삭제하고 DNA에만 부착하는 시스템을 고안하여 특정 유전자의 발현을 억제하는 것이다. 발현을 위해서는 DNA를 읽어야 하는데 DNA를 읽어 정보를 읽지 못하도록 CAS단백질이 붙어 있는 것이다.

미생물이 좋은 재료가 되어 동물의 생명공학에 크게 기여하는 연구 분야가 텔로미어telomere이다. 텔로미어는 그리스어로 끝부분이란 뜻이라고 한다. 인간의 유전체는 환형이 아니라 직선이다. 직선인 유전체가 계속 복제하면 끝부분이 짧아진다고 한다. 그래서 계속적으로 유전체가 작아지면 결국 없어지기 때문에 끝부분을 유지하는 일이 중요하다. 텔로미어를 합성하는 효소인 텔로머레이즈telomerase라는 효소가 계속적으로 끝부분을 유지시켜 주는 것이다. 이 끝부분이 잘못되면 노화와 암이 발생한다고 한다. 이는 생쥐의 실험에서 확인되었다. 사람의 노화도 이와 관련 있다고 한다. 텔로머레이즈를 발견한 교수들은 2009년 노벨 의학상을 수상하였다. 최근 미국의 스탠포드Stanford대학 연구진이 사람의 세포를 대상으로 하여 텔로미어를 연장하였더니 세포분열이 왕성해지고 세포의 노화가 방지됨은 물론 세포 수준에서 더 젊어졌다고 하여 화제가 되었다. 동물실험에서는 이와 관련하여 머리털이 더 검게 된다거나 치매질환의 쥐를 회복시켰다거나 하는 연구결과가 나온 적이 있다. 스트레스를 많이 받거나 감기에 걸리면 텔로미어가 더 짧아진다고 한다. 아무튼 아직 모르는 게 많은 분야이지만 텔로미어가 노화시계라고 과학자들이 믿고 있기 때문에 아주 흥미 있는 연구 분야가 아닐 수 없다. 미생물의 경우 대부분의 유전체는 환형circular이다. 따라서 앞에서 설명한 텔로미어와 같은 부분이 없고 환형이 환형으로 복제되기 때문에 문제가 없다. 하지만 방선균의 일부 세균과 라임 병을 일으키는 보렐리아[Borrelia]의 경우에는 유전체가 직선형[linear]이다. 따라서 이들이 직선형 유전체의 복제 연구의 과학적 결과는 인체의 텔로미어에 크게 도움을 주었다. 단순한 미생물의 분자생물학적 연구는 좀더 복잡한 동식물의 세포 수준의 이해를 빠른 시일에 가능하게 하는 좋은 도구인 것이다.

용어 설명

내부공생설(endosymbiosis) 진화과정에서 진핵생물의 세포를 이루기 위하여 원생생물인 세균, 특히 프로테오박테리아와 시안세균이 각각 에너지를 내는 미토콘드리아와 광합성을 하는 엽록체가 되었다는 가설.

아드레날린(adrenaline) 부신수질에서 분비되는 호르몬으로 세포신호전달물질로 작용하며, 심장박동 수를 증가시키고 혈관을 수축시키며 기관의 팽창을 유도하는 호르몬.

테트라사이클린(tetracycline) 스트렙토미세스(*Streptomyces*)속의 미생물에 의해 생산되는 항생물질로서, 리보좀의 30S 단백질에 결합하여 미생물의 단백질합성을 저해하는 항생물질.

주

1. Lopez-Garcia, P. & Moreira, D. Open Questions on the Origin of Eukaryotes. *Trends Ecol Evol* 30, 697-708 (2015)
2. Forbes, N. S. Profile of a bacterial tumor killer. *Nature Biotechnol* 24, 1484-1485 (2006)
3. Sandrini, S., Aldriwesh, M., Alruways, M. & Freestone, P. Microbial endocrinology: host-bacteria communication within the gut microbiome. *J Endocrinol* 225, 21-34 (2015)
4. Jiang, T. & Li, M. Quorum sensing inhibitors: a patent review. *Expert Opin Ther Pat* 23, 867-894 (2013)
5. Xu, K. Superbug: an epidemic begins. *Harvard Magazine* May-JUNE 40-49 (2014)
6. Jechalke, S., Heuer, H., Siemens, J., Amelung, W. & Smalla, K. Fate and effects of veterinary antibiotics in soil. *Trends Microbiol* 22, 536-545 (2014)
7. Dantas, G., Sommer, M. O., Oluwasegun, R. D. & Church, G. M. Bacteria subsisting on antibiotics. *Science* 320, 100-103 (2008)
8. Viertel, T. M., Ritter, K. & Horz, H. P. Viruses versus bacteria-novel approaches to phage therapy as a tool against multidrug-resistant pathogens. *J Antimicrob Chemother* 69, 2326-2336 (2014)
9. Barrangou, R. & van Pijkeren, J. P. Exploiting CRISPR-Cas immune systems for genome editing in bacteria. *Curr Opin Biotech* 37, 61-68 (2016)

13장 건강과 비만을 결정하는 미생물

인간의 건강과 미생물은 아마 일반인들이 제일 관심있어 하는 미생물 응용 분야가 아닌가 싶다. 요즘 유산균을 포함한 제품이 많이 쏟아져 나오고 TV 광고에도 흔하게 소개되어 어린 아이도 유산균이 몸에 좋은 균인지 알고 있을 정도이다. 유산균은 엄밀히 말해 발효과정에서 젖산(유산lactic acid)을 만드는 그람양성 균으로 포자를 만들지 않는 세균이다. 대표적으로 락토바실러스 카제이*Lactobacillus casei*, 락토바실러스 엑시도필러스*L. acidophilus*, 락토바실러스 불가리쿠스*L. bulgaricus*, 비피도박테리움 비피둠*Bifidobacterium bifidum* 등이 있다. 그 외에도 다양한 종류의 유산균들이 존재한다. 이러한 유산균들은 우리가 알고 있는 유산 이외에 다양한 유용물질을 분비한다. 우리는 보통 좋은 미생물을 유산균이라고 생각하고 다양한 발효음식에 들어 있는 유산균이 우리 몸의 소화 및 면역증진에 좋을 것이라는 것을 여러 매체에서 광고하는 내용을 통하여 이미 알고 있다. 최근 이렇게 막연히 알고 있고 믿고 있던 일들이 실험적 뒷받침으로 더욱 탄력을 받고 있다.

인간의 몸에는 인간세포보다 10배 많은 미생물이 존재하고 유전정보의 양으로 환산하면 100배 많은 유전정보가 인간과 함께하고 있는 미생물에 존재하고 있다고 한다. 1조도 넘는 수의 미생물이 인간의 몸에 존재하고 있다. 인간의 미생물과 인간의 건강과 관련 하여 2014년 미국 화이자Pfizer 사와 캘리포니아의 세컨드지놈Second Genome 생명공학회사가 900명 이상의 인간 미생물분석을 하여 대사 관련 질병을 연구할 것이라고 발표했다. 그들이 밝힐 흥미로운 연구결과가 기대된다. 그들이 왜 회사 이름을 세컨드 지놈이라고 했겠는가? 우리가 가진 인간의 유전체가 첫 번째 유전체라면 우리 몸에 서식하는 다양한 미생물들의 유전체는 두 번째 유전체, 그러니까 세컨드 지놈인 것이다. 일부 학자들은 학회나 수업에서 항상 우리는 미생물 덩어리로 되어 있고 더 많은 미생물 세포들이 우리 몸에 존재하기 때문에 우리가 인간이라기보다는 미생물에 더 가깝다는 우스갯소리로 강의를 시작하는 일이 많다. 세컨드지놈 사를 포함하여 많은 회사들이 천만 달러 이상의 비용을 사용하여 인간의 몸에 존재하는 미생물을 분석하려고 한다. 이와 더불어 인체의 건강에 유용한 프로바이오틱probiotic 관련 연구가 그래서 요즘 유행이다.[1]

이렇게 인체 내에 있는 미생물을 모두 인간 마이크로바이옴microbiome이라고 한다. 마이크로바이옴이란 인체를 포함하는 특정 환경에 존재하는 모든 미생물의 종류 또는 그들의 유전체를 일컫는다. 비슷한 용어로 마이크로바이오타microbiota라는 용어는 미생물군집만을 의미한다. 하지만 두 용어는 거의 혼용되어 사용된다. 최근 인간 마이크로바이옴을 넘어서 전 지구적으로 우리가 사는 지구에 있는 모든 미생물을 분석하자는 지구 마이크로바이옴earth microbiome 프로젝트도 세계 각국에서 진행 중이다. 눈에 보이지 않던 미생물의 존재에 대하여 최근 연구가 활발하게 진행되는 것은 아마도 기술의 발전 때문일 것이다. 예전에 유전자의 염기서열을 아는 일은 엄청나게 어려운 일이었다.

실제로 필자가 대학교에 다니던 시절에는 유전체에 대하여 모르는 것이 많았다. 인간이든 식물이든 거의 모든 생물의 유전체의 일부 조각의 염기서열만 알고 있을 때였고 일부 조각의 염기서열만 알아도 석사, 박사학위 논문으로 충분할 때였다. 인간의 유전체를 완성하기 위해 수년간 엄청난 금액의 연구비가 투자되었고 이후 식물과 다른 동물의 유전체 완성에도 금액은 줄었지만 많은 시간이 투자되었다. 그 당시에 사용된 유전체 지도 작성방법이 생물교과서에 나오는 생가sanger라는 방법이었다. 개발한 과학자의 이름을 따서 그렇게 명명한 것인데 여러 단계를 거치는 상당히 힘든 작업이다. 하지만 최근 DNA조각을 읽는 기술이 급속도로 발전하여 이러한 유전체 분석기술이 쉬워졌다. 비용도 낮아지고 시간도 빨라져 요즘에는 미생물 유전체를 분석하는 일은 하루면 할 수 있다고 한다. 필자가 처음 환경에서 얻은 디젤분해균주의 유전체를 분석하였을 때 3천만 원도 넘는 연구비가 들어갔지만 요즘은 2백만 원 정도면 세균 하나의 유전체를 분석할 수 있다. 심지어 유전체를 읽는 분석기계를 예전에는 국가에서 한 대 또는 몇 대만 보유하고 있었지만 요즘은 각 실험실 수준에서 보유할 수 있을 정도로 가격이 내려갔다. 앞으로는 누구나가 쉽게 유전체를 분석할 수 있을 것이다. 미생물 유전체뿐만 아니라 인간의 유전체 분석도 앞으로는 놀라운 기술의 발전으로 손쉽게 할 수 있을 것이다. 아마 단돈 몇 만 원으로 분석이 가능한 시대가 올 것이다. 생명공학에서의 목표는 인간의 유전체를 빠르게 분석하여 질병을 예측하는 일일 것이다. 유전체를 알면 병에 걸릴 확률 또는 많은 오염물질에 의한 돌연변이 유발 확률에 대한 내용을 손쉽게 알 수 있을 것이다.

장내 미생물과 인간의 질병 또는 건강과의 관계에서 가장 중요한 것이 어떻게 유용한 미생물이 우리가 먹는 음식과 몸 상태에서 선발되어 장내에 오래 머물게 하도록 할 수 있는가에 대한 것이다. 많은 제약회사들이 유용미생물을 살리고 해로운 미생물을 없애는 신약 개발을 추진 중이다. 최근 연구에서 장내 미생물의 변화가 대장암을 일으킬 수 있다고 보고되었다.[2] 장에서 독소를 내는 미생물이 이상 증식하면 대장 내벽에 염증이 생기고 이로 인하여 암이 생성될 수 있다는 결과이다. 특히 푸소박테리움*Fusobacterium*, 대장균*E. coli*, 박테로이데스 프라길리스*Bacteroides fragilis*의 세 종류의 세균의 상호작용이 대장암의 진행과 관련이 있다고 한다.[2] 최근의 다른 연구에 의하면 당뇨병에 걸린 사람의 장내 미생물에 부티르산butyrate을 생산하는 미생물이 적다고 보고되었다. 부티르산은 유해균의 생장을 억제하고 수분흡수를 촉진하는 등 인체에서 중요한 생리대사물질이라고 한다. 부티르산이 적으면 유해균이 이상 증식해서 암과 같은 많은 질병을 일으킬 수 있다는 것이다.[3]

장내 미생물과 건강에 대한 뉴스 중에 제일 흥미로운 것이 장내 미생물 치환을 통한 장 관련 질병 치료법일 것이다. 장세균치료fecal bacteriotherapy 또는 장균 이식fecal transplant이라는 분야에 대해 심심치 않게 보도되고 있다.[4] 앞에서 말한 아토피와 같은 피부병, 면역 관련 질병, 염증성 장질환inflammatory bowel disease, 대장암 등 수많은 질병들이 인간의 장내 미생물과 관련이 있고 건강한 사람들은 유용 장내 미생물을 잘 유지하고 있는 반면 질병을 가지고 있는 사람의 장내 미생물은 유해한 균으로 가득 차 있으므로 건강한 사람의 장내 미생물을 질병을 가진 사람의 장에 주입하여 미생물이 질병을 치료하게 하는 방법이다. 초기 실험 방법에서는 실제로 분변을 가지고 사용하여 치료효과를 보았지만 현재는 캡슐 형태에 장내 미생물을 담아 장으로 삽입하여 퍼지게 하는 방법이나 미생물을 포함한 캡슐을 먹어 장에 안전하게 도달하게 하는 방법 등이 개발되고 있다. 미생물 자체도 효과가 있지만 미생물이 분비한 항균물질 등이 분변에 있으므로 앞으로의 과제는 환자에게 불쾌감을 주지 않고 미생물과 미생물 분비물질을 어떻게 분변에서 골라 내어 캡슐화하는가에 있다.

최근 이와 관련된 장내 미생물 연구에 2008년 이후 미국에서 5억 달러가 넘게 투자되고 있으며 미생물과 인간의 상호관계 조절을 통한 질병억제 및 치료라는 분야는 제약회사에서 매우 깊은 관심을 가지고 연구를 진행하고 있는 상황이다.[5] 많은 글로벌 제약회사들이 앞으로 수 년 내에 위에서 언급한 캡슐이 시장에 나와 상용화되고 붐이 일어날 것이라고 예측하고 있다. 최근 프로바이오틱스의 인기가 다시 높아지는 것과도 관련이 있다. 하지만 아직 많은 과학자들과 의사들은 장균 이식 치료법의 효과에 대해 낙관적이지만은 않다. 확실히 유용미생물은 인체에 안전하지만 이미 진행된 질병을 효과적으로 치유할 수 있을지에 대해서는 의구심이 존재한다. 하지만 장내 미생물이 인간의 세포들과 상호작용을 하고 아마 잘 조절된 미생물의 군집과 미생물의 분비물질이 어떻게든 인간의 질병을 치료할 수 있을 것이라는 기대는 모두들 하고 있는 것 같다. 최근 미네소타의 연구자들이 생쥐를 통한 연구에서 관절염을 가지고 있는 쥐에 장내 미생물인 프레보텔라*Prevotella hiscola*를 투여했을 때 염증을 줄이는 효과를 가진다고 보고하였다. 이러한 연구결과를 바탕으로 뉴욕의 마이오믹스Miomics라는 생명공학회사와 함께 장내 미생물을 이용한 염증 치료제 개발이 추진되고 있다. 또한 보스턴의 한 생명공학회사(Vedanta Bioscience)도 염증치료를 위한 미생물을 포함한 제품을 현재 임상실험 중에 있다고 보도되었다. 또한 많은 의학 연구소에서 유용 장내 미생물이 분비하는 유용물질을 분석하고 어떻게 인간의 세포와 상호작용을 하여 면역과 신경에 영향을 미치는가에 대한 연구를 진행 중이다. 면역뿐만 아니라 아마 신경에 영향을 미친다면 향후 우울증과 불안과 같은 심리적인 치료에도 장내 미생물이 이용될 수도 있을 것이다. 앞장에서 설명한 것처럼, 이미 장내 미생물이 신경과 관련 있는 물질인 감마아미노뷰티르산gamma aminobutyric acid, GABA과 같은 물질을 분비하는 것은 알려져 있다. 감마아미노뷰티르산은 줄여서 가바GABA라고도 하는데, 포유류의 뇌 속에 존재하는 물질로 중추신경계의 억제작용을 한다고 알려져 있다. 다양한 야

채와 과일에도 존재하는 가바는 학습능력을 증진하고 스트레스를 억제한다고 하여 현재 다양한 건강보조제 또한 의약품으로 출시되고 있다. 김치에 존재하는 다양한 유산균들도 이러한 가바를 생산한다고 한다. 김치만 많이 먹어도 아마 따로 가바를 섭취하지 않아도 될 것이다. 김치가 학습효과를 높이는 데 기여하는 이유이다.

자폐증과 같은 정신과 치료에도 미생물이 사용된다고 상상해 보자. 얼마나 흥미진진한가. 현재까지 자폐증과 같은 질병을 치료할 수 있다는 아주 신빙성 있는 과학적 자료를 없지만 장내 미생물이 인간의 뇌 활동에 영향을 미칠 수 있다는 연구는《네이처》를 비롯한 유수의 저널들에서 다뤄지고 있다.[6] 생쥐 연구에서 자연 분만한 생쥐보다 제왕 절개한 생쥐가 통계적으로 유의하게 더 우울증과 불안증세가 높다는 것이 보고된 바 있는데, 아마 장내 미생물이 다르고 이로 인하여 뇌의 활동이 달라졌을 것이라고 짐작되고 있다. 관련 과학자들은 자연분만을 통하여 어머니의 미생물을 물려받지 않은 동물은 평생에 걸쳐 정신적 건강을 위협받을 수 있다고 경고하고 있다. 역시 생쥐의 실험에서 자폐증에 걸린 쥐가 정상적인 쥐보다 훨씬 더 적은 박테로이데스 프라길리스*Bacteroides fragilis*를 가지고 있다고 보고되었다. 박테로이데스 프라길리스는 박테로이데테스*Bacteroidetes*에 속하는 균으로 건강한 사람의 장내에 좀 더 많이 분포하는 미생물균이다. 또한 이러한 질병을 가지고 있는 쥐에서 높은 양의 세균 대사물질(4EPS, 4-ethylphenylsulphate)이 축적되는 것이 관찰되었는데, 이 물질을 건강한 쥐에게 투여했을 때 같은 증상이 나타나는 것이 확인되어 이러한 물질이 신경세포에 영향을 주었을 것이라는 결론이 도출되었다. 장내 미생물과 질병과 관련된 연구사례는 지난 수년간 학계에서 많이 발표되고 있다. 선진국에서 개발도상국으로 여행하는 사람들의 60%가 넘게 여행과 관련된 설사를 한다다고 한다. 여행자 설사travelers' diarrhea라는 질병이다. 주로 병원성 대장균과 노로바이러스가 원인이라고 한다. 아마 여행자 설사도 장내 미생물의 변화와 관련이 있을 것이다. 연구결과에 의하면 여행자 설사를 하는 사람의 장내 미생물이 현저하게 다르고 비만에서 나타나는 피르미쿠테스*Firmicutes*와 박테로이데테스의 높은 비율이 보이는 것으로 알려졌다.[7]

축산업을 하는 사람들은 질병을 억제하기 위해 키우는 동물들에 항생제를 투여하게 된다. 규정보다 너무 많이 사용하여 항상 문제가 되곤 한다. 이해가 되는 것이 충분한 양을 사용하여 병원균이 얼씬도 못 하게 해야 경제적으로 안심이 되기 때문이다. 하지만 과다 사용된 항생제가 환경으로 유입되는 문제가 있는데, 유입된 항생제는 환경미생물에 의해 분해되기도 하지만, 잔류하여 다시 우리가 먹는 채소나 곡물에 함유될 수도 있다. 이렇게 포함된 미세한 양의 항생물질은 장내 미생물의 군집을 변화시킬 것이다. 과학자들은 이러한 항생제 사용과 인체 또는 동물의 장내 미생물의 변화에 대해 최근 많은 관심을 가지고 있다. 인간의 질병과 건강에 중요한 장내 미생물이 항생제 사용으로 인해 변화할 경우 다양한 측면으로 영향을 미칠 수 있기 때문이다. 축산업에서 항생제를 다량 사용하는 것은 병원균을 억제할 뿐만 아니라 개체들의 성장이 빨라지기 때문이다. 축산업에서 사육 동물들의 성장을 촉진시키는 것은 산업적으로 큰 이득이다.

예전부터 항생제 사용이 동물 생장을 촉진시킨다는 것을 알려졌다. 하지만 자세한 과학적 기작들은 아직 잘 알려지지 않았다. 특히 돼지 사육과 닭의 사육에 많이 사용되고 있는데 항생제 남용으로 인한 항생제 저항성 병원균의 증식이 매우 우려되는 상황이다. 현재 많은 국가에서 항생제의 축산업 사용을 규제하고 엄격하게 제한하고 있다. 하지만 가격이 싸고 부담이 없고 규제 인력이 많지 않기 때문에 아직까지도 공공연히 사용되고 있는 실정이라고 한다. 인간의 경우에도 영양상태가 좋지 않는 어린이에게 항생제가 투여되면 생장이 좋아진다고 한다. 신기한 일이 아닐 수 없다. 100%는 아니지만 이러한 생장촉진에 아마도 장내 미생물이 관여할 것이라는 것이 과학자들의 생각이다. 이러한 작용을 설명하는 여러 가지 가설들이 존재한다. 질병이 줄어서 생장이 좋아졌거나 생장을 저해하는 암모니아 또는 담즙분해물질과 같은 미생물대사물질이 적어졌기 때문이라는 가설, 미생물이 영양물질을 덜 먹어서 인간이 더 잘 섭취할 수 있다는 가설, 항생제가 투여된 동물의 얇아진 장으로 더 많은 영양분이 들어갈 수 있다는 가설 등이다. 어떤 가설이 맞는지에 대해서는 향후 연구가 더 진행되어야 할 것이다. 항생제를 섭취한 동물이나 인간의 장에는 아마 항생제에 민감한 세균들은 사라지고 저항성이 있는 세균만이 우점하게 되어 군집이 단순화될 것이다. 다른 말로 하면 미생물의 종 다양성이 줄어들 것이다. 단순화된 군집이 좋은 영향을 미칠 수도 있고 그 반대일 수도 있다. 실제 필자가 곤충을 딱정벌레 애벌레를 모델로 하여 항생제를 먹이 또는 주사로 투여하였을 때 곤충 애벌레의 세균 군집이 단순화되고 종 다양성이 줄어드는 것을 관찰한 바 있다.[8] 다른 많은 논문에서도 이와 같은 결과가 발표되었는데 미생물군집의 기능의 관점에 따라 어떤 생태적인 기능은 좋아지고 상대적으로 다른 기능은 줄어들 것이다. 예를 들면 토양의 미생물의 종 다양성이 감소하면 경쟁이 그만큼 줄어들게 되고 어떤 특정 기질을 분해하는 능력이 향상될 수도 있다. 반대로 특정 기질의 분해는 향상되었지만 질소순환에 관여하는 기능은 잃어버릴 수도 있는 것이다. 아무튼 항생제가 장내 미생물 또는 생태계의 미생물 종 다양성과 생태기능에 미치는 영향에 대하여 흥미로운 연구내용이 계속 주목 받고 있다.

위에서 언급한 것처럼 인간의 비만과 장내 미생물은 매우 밀접한 연관관계가 있다고 한다. 인간의 장에서 장내 미생물은 매우 중요하다. 우리가 만들지 못하는 비타민 등의 필수 영양소를 만들어 내는가 하면 우리가 소화하지 못하는 영양물질들의 분해를 도와서 에너지를 만들어 낼 수 있게 도와준다. 비만이 되면 피르미쿠테스*Firmicutes*의 수가 증가하게 되고 박테로이데테스*Bacteroidetes*가 감소하는데, 두 군집의 비율이 비만의 지표로 사용되고 있다.[9] 장내 미생물의 실제 비율은 피르미쿠테스가 언제나 훨씬 많다. 상대적인 비율이 달라진 것이지 박테로이데테스의 절대적인 숫자가 피르미쿠테스를 넘어서는 것은 아니다. 2006년에 미국 미주리 주 세인트루이스St Louis 소재 워싱턴대학교Washington University의 제프리 고든Jeffrey Gordon 교수가 《네이처》지에 발표한 위의 내용은 2015년 현재 3천 번이 넘게 많은 과학자들에 의해 인용되었다. 쥐를 모델로 한 실험에서도 같은 결과를 얻었는데 변화된 비율의 미생물군집은 같은 음식에서 에너지를 더 많이 얻어 내는 것으로 알려졌다.

결론적으로 인간의 비만은 문phylum 단계에서의 미생물 군집microbial community의 변화와 다양성의 감소 그리고 이를 통한 장내 미생물의 유전자원과 대사과정의 변화를 통하여 나타난 결과라고 할 수 있다. 인간의 장내 미생물은 먹은 음식의 종류뿐만 아니라 다양한 환경적 변화와 인간의 유전자 또는 면역시스템과 체질 등에 따라 변할 것이다. 따라서 위와 같은 실험을 할 때에는 유전자가 같은 쌍둥이를 대상으로 같은 음식을 섭취하도록 하면서 관찰하거나, 쥐를 이용하여 실험할 경우에는 무균 쥐에서 다이어트를 조절해 가면서 장내 미생물의 변화를 관찰하게 된다. 변화된 군집에서 실제 어떠한 물질이 더 많이 분비되어 비만으로 이어지는지에 대한 연구는 현재 진행 중이다. 가바GABA와 같은 물질이 인간의 뇌에 전달되어 신경에 영향을 미치는 것처럼 아마 변화된 미생물군집에서 만들어 내는 어떤 물질이 인간의 유전자 발현과 더 나아가서는 대사과정에까지 영향을 미쳐서 비만으로 이어지는 것으로 추측되고 있다.

용어 설명

프로바이오틱(probiotic) 체내로 섭취되어 장에서 인간의 건강에 유익한 물질을 분비하고, 다른 장내 미생물들과 균형을 유지하여 유익한 효과를 제공하는 살아있는 미생물균제.

마이크로바이옴(microbiome) 인체를 포함하는 특정 환경에 존재하는 모든 미생물의 종류 또는 그들의 유전체.

부티르산(butyrate) 천연의 지방을 구성하는 지방산 중에서 탄소수가 4개로 가장 적은 유기산으로 n-부티르산과 이소부티르산 두 개의 구조이성질체가 존재하며 낙산이라고도 한다.

주

1. Mishra, V., et al. Probiotics as potential antioxidants: a systematic review. *J Agric Food Chem* 63, 3615-3626 (2015)
2. DeWeerdt, S. Microbiome: Microbial mystery. *Nature* 521, 10-11 (2015)
3. Furusawa, Y., et al. Commensal microbe-derived butyrate induces the differentiation of colonic regulatory T cells. *Nature* 504, 446-450 (2013)
4. Bowman, K. A., Broussard, E. K. & Surawicz, C. M. Fecal microbiota transplantation: current clinical efficacy and future prospects. *Clin Exp Gastroenterol* 8, 285-291 (2015)
5. Reardon S. Microbime therapy gains market traction. *Nature* 509, 269-270 (2014)
6. Reardon S. Gut-brain link grabs neuroscientist. *Nature* 515, 269-270 (2014)
7. Youmans, B. P., et al. Characterization of the human gut microbiome

during tranvelers'diarrhea. *Gut Microbes* DOI:10.1080/19490976.2015.1019693 (2015)

8. Jung, J., et al. Gut microbiota of *Tenebrio molitor* and their response to environmental change. *J Microbiol Biotechnol* 24, 888-897 (2014)
9. Turnbaugh, P. J. et al. An obesity-associated gut microbiome with increased capacity for energy harvest. *Nature* 444, 1027-1031 (2006)

14장 진화론과 생태학을 위한 미생물학

진화라고 하면 누구나 다윈Charles Darwin의 진화론을 제일 먼저 떠올릴 것이다. 자연선택설natural selection로 설명되고 있는 다윈의 진화론을 간단하게 설명하면 다음과 같다.[1] 모든 생물은 생장하면서 또는 군집이 커지면서 내부에 작은 돌연변이들을 가지게 된다. 이러한 돌연변이는 피할 수 없는 자연의 섭리이다. 그 이유는 이 장의 끝에서 다시 설명할 것이다. 돌연변이를 가지고 있는 군집에 외부에서 스트레스나 환경 변화가 나타나면 변화에 적응한 개체들만이 살아남아 다시 진화된다는 것이다. 군집 안에 이미 돌연변이가 존재하고 그러한 돌연변이로 인하여 환경 변화에 대한 대처가 달라지고 잘 대처한 개체만이 살아남아 다시 커다란 군집을 만든다는 것이다. 군집 안에 생명체가 유전적으로 다양하지 않으면 환경 변화에 의해 군집이 몰락할 수 있다. 근친교배에 의한 개체들이나 작은 섬에 사는 개체들과 같은 경우 유전적으로 다양하지 않을 수 있기 때문에 언제든지 환경 변화에 의하여 생존이 큰 위험에 처할 수 있는 것이다.

수업 시간에 가끔 인간에 대한 바이러스 공격과 같은 무서운 예를 들기도 한다. 우리가 간혹 바이러스에 의하여 감기가 걸리고 아픈 시기가 오지만 감기 바이러스가 만연하는 계절이 와도 모두가 바이러스에 감염되는 것은 아니다. 감염의 원인에는 여러 가지가 있어 복잡하지만 각각의 인간의 유전체가 조금씩 다르고 이러한 다른 유전체로 인하여 다른 면역시스템을 가지게 된다. 서로 다른 면역시스템으로 인해 어떤 사람은 바이러스에 강하고 어떤 사람은 지극히 약한 결과가 초래되는 것이다. 일어나서는 안 될 일이지만, 만약 엄청나게 강한 바이러스가 인간을 공격하였을 때 많은 수의 인간이 죽음을 맞이하더라도 살아남는 이가 반드시 있을 것이다. 이렇게 살아남은 인간은 다시 군집을 이루고 생장하게 된다. 커져 버린 군집 안에는 반드시 돌연변이가 있다고 했다. 왜냐하면 돌연변이는 군집이 생장하면서 DNA를 복제할 때 에러error가 생기면서 나타난다. DNA 복제효소DNA polymerase는 완벽하려고 노력하지만 아주 드물게 복제 에러replication error를 낸다. 다양한 복제에러가 발생할 수 있는데 보통 DNA 복제효소가 복제과정에서 염기를 잘못 치환하는 에러는 10^{-6} 정도이다.[2] 하지만 DNA복제가닥에 돌연변이가 생겨도 많은 경우에는 표현형으로 나타나지 않는다. DNA가 단백질로 전사transcription되고 해독translation되는 과정에서 같은 아미노산을 가져올 수 있기 때문이다. 또는 다른 아미노산을 가져오더라도 같은 기능을 하는 단백질이 만들어질 수도 있기 때문이다. DNA의 에러가 결과적으로 아주 중요한 곳의 아미노산을 치환하게 되고 단백질의 기능을 잃어버리게 되면 그때서야 대사기능이 망가진다든지

하면서 표현형이 바뀌게 되는 것이다. 인간뿐만이 아니다. 모든 생물의 군집에는 반드시 돌연변이가 존재한다. 눈에 보이지 않는, 그러니까 유전체에만 있는 돌연변이가 있다가 어느 경우에는 이러한 돌연변이가 중요한 작용을 할지도 모른다. 때로는 복제에러에 의한 돌연변이가 아니라 생명체가 살아가는 과정에서 외부의 화학물질과 환경스트레스에 의해 돌연변이가 유도될 수도 있다. 주로 이러한 과정에서는 활성산소가 돌연변이를 유발하게 된다. 이렇게 유도된 돌연변이가 DNA에 남게 된다.

지금까지 자연선택에 의한 진화의 개념에 대해서 설명했는데 이러한 진화를 동물과 식물로 증명하기에는 세대수가 길고 인간은 더더욱 실험재료로 사용할 수 없기 때문에 불가능하다. 세균은 진화설을 증명할 수 있는 좋은 재료다. 대장균의 경우 적절한 영양분과 온도 등의 좋은 환경에서 20분에 한 번씩 분열을 한다. 하루만 지나도 수억 마리가 생기기 때문에 돌연변이가 유발되었는지 표현형이 바뀌었는지 알아볼 수 있는 좋은 실험재료인 것이다. 돌연변이의 유발은 랜덤하게 일어난다. 무작위로 일어난 돌연변이 중 자연선택을 받는 개체가 그러한 돌연변이를 지닌 채 선택되고 다음 세대에도 그러한 돌연변이를 그대로 유지하고 있을 것이다. 때로는 많은 세대가 흘러 유지하고 있던 그러한 돌연변이가 다시 없어질 수도 있다. 실험재료로 사용하던 대장균을 20년간 보관하여 미생물의 진화에 대하여 연구한 미시간주립대학Michigan State University의 렌스키Richard Lenski 교수는 미생물의 돌연변이 중 유전자의 발현을 조절하는 단백질에 많은 변화가 일어난다고《네이처》지에서 보고하였다.[3] 미생물학자들이 렌스키실험이라고 하여 몇 해 전부터 유명한 연구결과물이 되었다. 무려 20년간이나 미생물을 보관해 비용이 낮아진 유전자 해독기술을 이용하여 보관했던 대장균의 유전체를 모두 읽어서 어디에 돌연변이가 일어났는지 알아낸 것이다. 동물과 식물로는 절대로 불가능한 실험이지만 대장균으로는 가능하다. 대장균을 보관할 때 영하 80℃의 온도에서 보관하는데 다시 해동시켜 대장균을 키워도 생장하기 때문에 어떻게 보면 살아 있는 화석인 셈이다. 동식물을 냉장 보관하여 다시 살려서 생장하게 한 후 DNA를 얻는 일은 현재의 기술로는 불가능하다. 많은 DNA를 얻어야 분석이 가능하고 그러기 위해서는 다시 살려서 키워야 한다. 많은 동식물의 DNA를 보관하고 키우면서 돌연변이가 일어난 곳을 알아내고 어떤 개체가 선택되었는지 알아내는 일을 하려면 앞으로도 수백 년이 걸릴 것이다. 누가 그러한 시도를 하겠는가? 미생물은 세대수가 짧고 냉동 보관하여 다시 살릴 수 있는 장점이 있게 때문에 가능한 것이다. 실험실 내에서 미생물을 가지고 진화를 밝히는 분야를 실험적 진화 experimental evolution라고 하여 진화학의 큰 분야로 자리를 잡아 가고 있는데 각종 학회와 저널들이 만들어지고 있어 향후 가장 기대되는 분야이기도 하다. 생태학과 같은 순수과학의 증명을 위하여 미생물학이 크게 기여하고 있는 것이다.

생태학 이론 중에 중도교란가설 intermediate disturbance hypothesis; IDH이라는 것이 있다. 종 다양성이 최대로 유지되려면 적당한 생태적 교란이 필요하다는 것이다. 생물은 각각 환경 변화에 대한 적응력과 먹이 섭취에 대한 효율과 생장속도 등이 다르다. 교란이 심한 환경에서는 먹이섭취 효율이 좋으며 빨리 자라는 개체가 많이 늘어날 것이고 그러한 개체들만이 결국에는 살아남게 되어 군집 안에 종 다양성이 줄어들 것이다. 이해하기 좋은 예로 산불이 날 경우 그 지역의 생태계에는 많은 개체가 소실되어 종 다양성이 급격하게 줄어들 것이다. 반대로 환경스트레스 등이 적을 경우 종 간 경쟁이 심하고 대사효율이 지나치게 좋은 개체들은 초기에 빠르게 생장하여 더 이상 자신이 섭취할 수 있는 먹이가 존재하지 않아 사멸할 것이다. 사멸된 개체로 인하여 그 지역의 종 다양성은 상실될 것이다. 어떠한 생태계이든 생물의 천이[succession]가 존재하게 된다. 생물의 천이는 먹이와 경쟁 등의 결과로 나타나는 것인데, 중간 정도의 교란이 있을 경우에 이러한 천이 결과로 나타나는 종 다양성이 최대로 유지된다는 이론이다. 쉽게 이야기하면 극한으로 가는 천이가 아닌 이전 천이 군집과 다음 천이 군집이 상호 존재하는 상태가 되는 것이다. 이러한 이론들을 설명하고 실험적으로 증명하는 일에 미생물학이 많이 기여하고 있다. 위에서 설명한 바와 같이 세대수가 짧고 세균의 수를 파악하고 하는 일들이 쉽기 때문에 실험실 수준에서 손쉽게 증명할 수 있는 것이다.

생태학자들은 종 다양성이 어떻게 생태계의 기능과 연관이 있는가에 대하여 관심이 많다. 위에서도 언급했지만 다양한 생태계 기능을 수행하기 위해서는 많은 종들이 있으면 좋을 것이라는 생각은 누구든지 할 수 있다. 하지만 제한된 공간과 먹이를 가지고 살아가는 특정 생태환경에서 얼마나 많은 종들이 필요할까에 대한 대답은 매우 어렵다. 우리는 흔히 종 다양성을 많이 확보하고 있어야 좋을 것으로 기대한다. 맞는 말이다. 자연환경이 앞으로 어떻게 바뀔지 모르니 말이다. 또한 현재까지 희귀종에서 의학적으로 의미 있는 약물들이 개발되었다. 항암 치료제로 각광받고 있는 주목나무에서 얻은 택솔taxol이 좋은 예다. 미국의 암 연구소가 20년 넘게 3만 5천 종의 식물을 조사하여 찾아낸 것이 주목나무의 택솔이다. 100년이 넘은 주목나무에서 택솔이 많이 얻어지는데 만약 주목나무가 없었다면 그것도 100년이 넘은 주목나무가 없었다면 택솔을 찾지 못했을 것이다. 한 공간에 종이 많으면 경쟁이 일어난다. 특정 생태 기능에는 또한 많은 종이 필요 없을지도 모른다. 생태학에는 많은 가설과 이론들이 있다. 이렇게 많은 생태학적 질문들에 대답하기 위해 미생물학은 좋은 연구 분야이다. 특히 미생물은 엄청나게 많은 종이 존재하는데 토양에 존재하는 같은 기능을 하는 수많은 다른 종들이 있을 것이다. 필자가 연구한 결과에서도 토양의 미생물의 종의 수를 줄이면 질소순환에 문제가 생기지만 오염물질의 분해는 오히려 빨라지는 결과를 얻었다. 아마도 오염물질을 분해하는 특정 개체가 우점하는 것이 분해속도를 높였을 것이다. 생태학적 질문에 답을 하기 위한 미생물을 이용한 융합과학은 앞으로 기대되는 분야이다.

용어 설명

자연선택설(natural selection) 한 종의 개체들 안에 존재하는 돌연변이에 의해 개체들 간 서로 다른 표현형이 생기기 때문에 생존경쟁에서 환경에 적응한 것만이 생존하여 자손을 남기게 된다는 학설.

해독(translation) 번역이라고도 하며, 세포의 mRNA를 가닥으로 하여 리보좀이 단백질을 만드는 과정.

천이(succession) 생물의 군집이 시간이 지남에 따라 변화하여 가는 현상.

택솔(taxol) 미국의 암 연구소가 1960년 주목나무에서 발견한 화학물질로, 세포 분열에 관여하는 튜블린(tublin)에 선택적으로 결합하여 세포분열을 억제하는 항암제.

주

1. Via, S. Natural selection in action during speciation. *Proc Natl Acad Sci USA* 106, 9939-9946 (2009)
2. Kunkel, T. A. Evolving views of DNA replication (in) fidelity. *Cold Spring Harb Symp Quant Biol* 74, 91-101 (2009)
3. Barrick, J. E., et al. Genome evolution and adaptation in a long-term experiment with *Escherichia coli*. *Nature* 461, 1243-1247 (2009)

맺음말

미생물학은 현재 빠르게 발전하고 있는 DNA분석기술, 초고성능 현미경, 다른 공학 및 자연과학 분야와 융합을 통하여 향후 더욱더 발전할 것으로 기대되고 있다. 우리가 현재까지 0.1%도 알지 못했던 지구상에 존재하는 다양한 미생물의 종류와 기능을 이해하고 이용하는 일을 통하여 미래기술을 발전시키는 일에 무궁무진한 기대를 걸고 있다. 지구상의 상상할 수 있는 모든 서식지에 미생물이 있다. 지구의 진화와 함께한 미생물은 지구의 온전한 보존을 위하여 없어서는 안 되는 존재이다. 미생물학은 앞으로도 분자세계를 탐험하는 첨단과학 분야로 남을 것이다. 아직도 수십 년간 연구되었던 대장균이 가진 단백질 중에 40% 정도의 단백질의 기능을 알지 못한다. 다른 인간세포와 효모, 식물은 더더욱 그러하다. 유전자 조작이 용이하고 세대수가 짧은 대장균과 다른 모델 세균과 곰팡이는 아직도 좋은 분자생물학적 모델이다. 또한 환경미생물학과 미생물생태학 등 흥미진진한 학문 분야가 계속해서 발전하고 있다. 뿐만 아니라 최근 들어 융합 학문으로서의 미생물학은 놀라운 발전을 거듭하고 있다. 이러한 발전된 내용을 일부나마 소개하고자 이 책을 기획하게 되었다.

한 권의 책에서 일반적인 대학강의에서 소개하고 있는 미생물학과 관련된 융합 분야를 모두 소개하는 것은 불가능하다. 하지만 물리학, 전자공학, 건설 및 토목, 생태학, 식품공학, 농업, 화학 등의 다른 과학 분야에서 모두 미생물을 이해하고 응용하려고 노력하고 있다. 최근 많은 대학과 연구소에서 이러한 다른 분야에서 미생물학으로 석사, 박사 학위를 소지한 과학자를 고용한다. 미생물의 응용 분야가 넓기 때문이다. 필자는 분자환경미생물학자로서 충분한 지식이 없는 다른 과학 분야를 소개하는 데 미흡한 점이 없을 수 없지만 이 책을 통하여 미생물 교과서나 다른 과학 교양서적에서 다루지 않은 내용을 소개하고자 노력하였다. 앞으로도 다른 과학 분야 전문가와 토론하고 의견을 교환하여 이 책을 보완하려고 한다.

눈에 보이지 않은 미생물의 세계는 정말 놀랍고 신기하다. 이 책을 통해 미생물학을 전공하거나 관심 있는 사람들뿐만 아니라 다른 과학 분야를 공부하는 대학생과 일반인들에게도 조금이나마 도움이 되기를 바란다. 또한 앞으로 미생물학을 이해하는 다양한 분야의 융합 과학 분야의 훌륭한 인재가 배출되었으면 한다.

고려대학교핵심교양 · 3

미생물과 미래융합기술

초판 발행 2017년 9월 11일
초판 2쇄 2019년 9월 23일
지은이 박우준
펴낸곳 고려대학교출판문화원
www.kupress.com
kupress@korea.ac.kr
02841 서울특별시 성북구 안암로 145
02-3290-4230, 4232
Fax 923-6311
찍은곳 네오프린텍(주)

ISBN 978-89-7641-941-5 94470
ISBN 978-89-7641-907-1 (세트)

값 13,000원
* 잘못 만들어진 책은 바꿔드립니다.